柔性直流换流站运维岗位培训教材

U0643337

柔性直流输电
运维技术

国网浙江省电力公司培训中心
国网浙江省电力公司舟山供电公司　组编

中国电力出版社
CHINA ELECTRIC POWER PRESS

内 容 提 要

柔性直流输电技术在我国的工程化应用，提高我国电网安全稳定水平，建立经济、高效、先进的智能电网都有重要意义。本书总结了舟山五端柔性直流输电示范工程的运维检修管理经验，汲取了国内外柔性直流输电工程的经验，对指导我国柔性直流输电工程的运维检修工作具有很好的参考价值。

本书共有 7 章，主要包括：柔性直流输电技术概述、柔性直流输电换流技术、柔性直流输电换流站主设备、柔性直流输电控制系统、柔性直流输电保护系统、多端柔性直流输电监控系统、柔性直流系统设备状态定义和启停流程。

本书可供从事柔性直流输电系统换流站运行维护的值班员和检修工人使用，也可作为高等院校相关专业的参考书。

图书在版编目（CIP）数据

柔性直流输电运维技术/国网浙江省电力公司培训中心，国网浙江省电力公司舟山供电公司组编. —北京：中国电力出版社，2017.1（2018.10重印）

ISBN 978 - 7 - 5198 - 0325 - 4

Ⅰ. ①柔… Ⅱ. ①国… ②国… Ⅲ. ①直流输电-电力系统-检修 Ⅳ. ①TM721.1

中国版本图书馆 CIP 数据核字（2017）第 010579 号

中国电力出版社出版、发行

（北京市东城区北京站西街 19 号　100005　http：//www.cepp.sgcc.com.cn）

北京天宇星印刷厂印刷

各地新华书店经售

＊

2017 年 1 月第一版　2018 年 10 月北京第二次印刷

787 毫米×1092 毫米　16 开本　10.75 印张　255 千字

印数 1001—2000 册　　定价 **38.00** 元

编 委 会

前　言

　　柔性直流输电是基于全控型电力电子器件的新一代直流输电技术，是当今世界上电力电子技术应用的制高点。柔性直流输电技术在提高电力系统稳定性，增加系统动态无功储备，改善电能质量，解决非线性负荷、冲击性负荷对系统的影响，保障敏感设备供电等方面都具有较强的技术优势。由于其本身具有的技术特点，柔性直流输电系统适用于可再生能源并网、分布式发电并网、孤岛供电、大型城市电网供电等方面。特别是在风力发电并网、海上平台供电和大型城市电网供电方面，柔性直流输电系统的综合优势更加明显。

　　为提高换流站运检人员技能水平，保证柔性直流输电设备安全稳定运行，特组织编制柔性直流输电技术培训教材。

　　本书以浙江省电力系统调度规程、舟山电力系统调度规程，舟山柔性直流输电系统调度运行管理规定（试行），换流站现场运行规程为依据编写。本书由国网浙江省电力公司培训中心和国网浙江省电力公司舟山供电公司组织编写，第1章柔性直流输电技术概述由浙江省电力公司赵勋范、余伟编写；第2章柔性直流输电换流技术由浙江省电力公司戴杰、余伟编写；第3章柔性直流输电换流站主设备由浙江省电力公司李剑波、张吼、傅乐伟、刘黎编写；第4章柔性直流输电控制系统由浙江省电力公司李剑波、戴杰编写；第5章柔性直流输电保护系统由浙江省电力公司袁杰、余伟、张魏晶、石少平编写；第6章多端柔性直流输电监控系统由浙江省电力公司陈伟平、朱剑伟、於英华编写；第7章多端柔性系统设备状态定义和启停流程由浙江省电力公司车海军、傅剑捷编写。

　　本书在编写和出版过程中得到了国网浙江省电力公司培训中心、南京南瑞继保电气有限公司等单位的大力支持和帮助，特在此深表感谢。由于我们的水平和经验有限，书中难免有缺点或错误之处，望读者批评指正。

编者

2016 年 8 月

目　录

第 4 章　柔性直流输电控制系统

第 5 章　柔性直流输电保护系统

第 6 章　多端柔性直流输电监控系统

第 **7** 章　柔性直流系统设备状态定义和启停流程

第 1 章

概　　述

1.1 柔性直流输电技术发展概况

1.1.1 直流输电技术背景

直流输电技术是以直流电的方式实现电能的输送，电力科学技术的发展最早就是从直流电开始的。早期的直流输电是不需要经过换流，直接从直流电源送往直流负荷，即发电、输电和用电均为直流电。由于当时送端的直流发电机和受端的直流电动机均是直接串联方式运行，可靠性较差，而且高压大容量的直流电机换向困难，导致直流输电技术停滞不前。到了19世纪80、90年代，三相交流发电机、感应电动机和变压器相继问世。由于交流电的发电、变压、输送、分配和使用都很方便，从而使交流输电和交流电网得到了迅速的发展。但是，随着用电领域和地域的不断增加，电网规模迅速扩大，直接导致了一系列交流输电很难跨越的技术阻碍，如远距离电缆输电、异步电网互联等。在1971年10月26日美国加州南部莫哈维（Mohave）电厂发生由次同步谐振引起的发电机机轴断裂事故，更动摇了人们对交流输电的信心。而与此同时，由于高电压大功率换流技术的快速发展，使直流输电又重新为人们所重视。

目前，电力系统中的发电和用电的绝大部分均为交流电，要使用直流电，必须进行电能转换。也就是说在输电系统的送端需要将交流电转换为直流电（这个过程称为整流），经过直流输电线路将电能送往受端；而在受端又必须将直流电转换为交流电（这个过程称为逆变），然后才能送到受端的交流系统中去，供用户进行使用。在这个系统的送端进行整流变换的地方叫整流站，而在受端进行逆变变换的地方叫逆变站，一般统称为换流站。而实现电力的整流和逆变的电力电子装置分别称为整流器和逆变器，一般统称为变流器。

在发电和用电的绝大部分均为交流电的情况下，要采用直流输电，必须要解决换流问题。因此，直流输电的发展与换流技术（特别是高压大功率换流技术）的发展有密切的关系。早在20世纪30、40年代，相关领域的科学家和工程技术人员就相继采用气吹电弧整流器、闸流管和引燃管作为变流器建设一些试验工程。但直到高电压大容量的可控汞弧整流器的研制成功，才为高压直流输电（High Voltage Direct Current，HVDC）的工程化应用创造了必要条件。从1954年世界上第一个直流输电工程（瑞典本土至哥特兰岛的20MW、100kV海底直流电缆输电）投入商业化运行，到1977年为止共有12项采用汞弧阀的直流工程投入运行。但是，由于汞弧阀的制造技术复杂、价格昂贵、逆弧故障率高，直接造成输电系统的可靠性较低、运行维护工作量大的不便因素，使得直流输电的发展受到了一定限制。

到了20世纪70年代，随着半导体和电力电子技术的迅速发展以及高压大功率晶闸管的问世，使晶闸管换流阀在直流输电工程中得到了广泛的应用，这些技术有效地改善了直流输电的运行性和可靠性，促进了直流输电技术的发展。由于晶闸管换流阀不存在逆弧问题，而且制造、试验、运行维护和检修都比汞弧阀简单而方便，因此，1970年瑞典首先在哥特兰岛直流工程上进行了10MW/50kV的采用晶闸管换流阀的试验工程。1972年世界上第一个采用晶闸管换流的伊尔河背靠背直流工程在加拿大投入运行。由于晶闸管换流阀相比于汞弧阀具有明显的优点，在以后新建的直流工程均采用晶闸管换流阀。与此同时，原来采用汞弧阀的直流工程也逐步被晶闸管换流阀替换。从此，直流输电技术进入了晶闸管换流阀时期。

在此期间，由于微机控制和保护、光电传输技术、水冷却技术、氧化锌避雷器等新技术的产生和发展以及在直流输电工程中广泛的应用，极大地推动了直流输电技术，自此输电能力没有暂稳极限限制的直流输电进入了黄金发展期。直流输电在远距离大容量输电、电网互联和电缆送电（特别是海底电缆）等方面均发挥了重大的作用。

由于晶闸管阀没有自关断电流的能力，并且其开关频率也较低，使变流器的性能受到很大的约束，因此，基于晶闸管的电流源型高压直流输电技术具有许多的固有缺陷。例如，变流器只能工作在有源逆变状态，且直流受端系统必须要有足够大的短路容量，否则容易发生换相失败；变流器产生的谐波次数低、容量大，需要大量的滤波装置；变流器功率因数低，需吸收大量的无功功率，要配置大量的无功补偿设备；换流站占地面积较大；输电线路环境污染较大等。

随着电力电子器件和控制技术的发展，出现了新型的半导体器件——绝缘栅双极晶体管（Insulated Gate Bipolar Transistor，IGBT）。IGBT 于 1982 年开始用于低电压场合（600～1200V），使用 IGBT 作为开关器件的电压源变流器（VSC）随后在工业驱动装置上得到广泛的应用。随着 IGBT 器件电压和容量等级的不断提升，到了 20 世纪 90 年代初，出现了高压 IGBT（2.5kV，1997 年 3.3kV，2004 年 6.5kV），这使采用绝缘栅双极晶体管构成电压源型变流器（Voltage Source Converter，VSC）来进行直流输电成为可能。1997 年，首个使用电压源换流技术的直流输电工程——赫尔斯扬实验性工程投入运行，其系统参数为 3MW/±10kV。其中的变流器采用 IGBT 和两电平三相桥结构，并使用脉宽调制技术（PWM）控制 IGBT 的开关和变流器的交流输出。由于 IGBT 具有可控开通和关断的能力，这使得由其构成的直流输电系统在许多方面不同于传统直流，从而也可以有效地克服传统直流的一些固有缺陷。

同时，随着能源紧缺和环境污染等问题的日益严峻，风能、太阳能等可再生能源利用规模不断扩大，其固有的分散性、小型性、远离负荷中心等特点，使采用交流输电技术或传统的直流输电技术联网显得很不经济；一些海上钻探平台、孤立小岛等无源负荷，目前采用昂贵的本地发电装置，既不经济，又污染环境；另外，城市用电负荷的快速增加，需要不断扩充电网的容量，但鉴于城市人口膨胀和城区合理规划，一方面要求利用有限的线路走廊输送更多的电能；另一方面要求大量的配电网转入地下。而采用基于可关断型器件的电压源型变流器和 PWM 技术的新型直流输电技术可以很好地解决上述问题，从其技术特点和实际工程的运行情况来看，当前很适合应用于可再生能源并网、分布式发电并网、孤岛供电、城市电网供电、异步交流电网互联等领域。

随着 IGBT 器件电压和容量等级的不断提升，直流输电技术也随着 IGBT 技术的提高而得到快速的发展。柔性直流输电是 20 世纪 90 年代开始发展的一种新型的高压直流输电技术。1990 年，由加拿大 McGill 大学 Boon-Teck Ooi 等人首次提出。其主要特点是采用具有自关断能力的全控型电力电子器件构成的电压源换流器（Voltage Sourced Converter，VSC），取代常规直流输电中基于半控晶闸管器件的电流源换流器。

柔性直流输电系统作为直流输电的一种新技术，也同样由换流站和直流输电线路构成。图 1-1 是柔性直流输电系统单线原理图，包括两个换流站和两条直流线路。柔性直流输电功率可双向流动，两个换流站中的任一个既可以作整流站也可以作逆变站运行，其中处在送电端的工作在整流方式，处在受电端的工作在逆变方式。

3

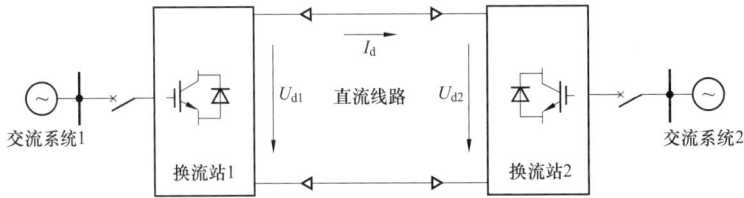

图 1-1 柔性直流输电系统单线原理图

对于这种新型的直流输电技术，国际权威电力学术组织，如国际大电网会议（CIGRE）和美国电气电子工程协会（IEEE），都将其学术名称定义为"VSC-HVDC"或者"VSC Transmission"，即"基于电压源换流器的高压直流输电"。ABB 公司为了形象宣传，称之为"轻型直流（HVDC-Light）"，西门子公司则称之为"新型直流（HVDC-Plus）"。为简化、形象地描述此技术，国内很多专家建议将该技术简称为"柔性直流（HVDC-Flexible）"，以区别于采用晶闸管的常规直流输电技术。

1.1.2 柔性直流输电工程适用场合

作为新一代直流输电技术，柔性直流输电突出体现全控型电力电子器件、电压源变流器和脉冲调制三大技术特点，可解决常规直流输电的诸多固有瓶颈。柔性直流输电系统可以快速独立地控制与交流系统交换的有功功率和无功功率、控制公共连接点的交流电压，潮流反转方便灵活，可以自换相。因此具有提高交流系统电压稳定性、功角稳定性，降低损耗，事故后快速恢复，便于电力交易等功能。加之设计施工方便灵活、施工周期短、电磁场污染小、噪声污染小、没有油污染等特点，使得柔性直流特别适合在连接分散的新能源电源、弱交流节点处的交流电网非同步互联、偏远负荷供电、海上钻井平台或孤岛供电、提高配电网电能质量等领域应用。它的出现为直流输电技术开辟了更广阔的应用领域，其主要适用于如下的场合：

（1）连接分散的小型发电厂。受环境条件限制，清洁能源发电一般装机容量小、供电质量不高并且远离主网，如中小型水电厂、风电场（含海上风电场）、潮汐电站、太阳能电站等，由于其运营成本很高以及交流线路输送能力偏低等原因，使采用交流互联方案在经济和技术上均难以满足要求，利用柔性直流输电与主网实现互联是充分利用可再生能源的最佳方式，有利于保护环境。

（2）异步电网互联。模块化结构及电缆线路使柔性直流输电对场地及环境的要求大为降低，换流站的投资大大下降，因此可根据供电技术要求选择最理想的接入系统位置。

（3）构筑城市直流输配电网。由于大中城市的空中输电走廊已没有发展余地，原有架空配电网络已不能满足电力增容的要求，合理的方法是采用电缆输电。而直流电缆不仅比交流电缆占有空间小，而且能输送更多的有功，因此采用柔性直流输电向城市中心区域供电可能成为未来城市增容的最佳途径。柔性直流输电技术可以独立快速地控制有功和无功，且能够保持交流系统的电压基本不变，它使系统的电压和电流较容易地满足电能质量的相关标准。

（4）偏远地区供电。偏远地区一般远离电网，负荷轻而且日负荷波动大，经济因素及线路输送能力低是限制架设交流输电线路发展的主要原因，这同时也制约了偏远地区经济的发展和人民生活水平的提高。采用柔性直流输电进行供电，可使电缆线路的单位输送功率提高，线路维护工作量减少，并提高供电可靠性。

（5）海上采油平台供电。远离陆地电网的海上负荷如：海岛或海上石油钻井平台等负荷，通常靠价格昂贵的柴油或天然气来发电，不但发电成本高、供电可靠性难以保证，而且破坏环境，用柔性直流输电以后，这些问题都可解决，同时还可将多余电能（如用石油钻井产生的天然气发电）反送给系统。

（6）提高电网电能质量。柔性直流输电系统可以独立快速地控制有功和无功，且能够保持交流系统的电压基本不变，它使系统的电压和电流较容易地满足电能质量的相关标准。同时，柔性直流输电系统还可以向两端的交流系统提供无功支撑的能力，大大提高了相连电网的运行稳定性。因此，柔性直流输电技术是未来改善电网电能质量的有效措施。

（7）电力市场。通过柔性直流输电的直接连接，可以构筑地区电力供应商之间交换电力的可行的技术平台，增加了运行灵活性和可靠性。

综上所述，柔性直流输电较之常规直流输电具有紧凑化、模块化设计，易于移动、安装、调试和维护，易于扩展和实现多端直流输电等优点。在风力发电、太阳能发电等新能源发电技术上，柔性直流输电又成为必不可少甚至是唯一的输电手段。基于电压源变流器技术的柔性直流输电由于其自身的诸多优势必将成为未来输配电系统中一个不可或缺的重要组成部分。

1.1.3　柔性直流输电工程介绍

从 20 世纪 80 年代开始，欧洲国家已有试验性自换流直流工程出现。1999 年 6 月，世界上第一个商业运行的柔性直流输电工程在瑞典哥特兰岛（Gotland）投运，其变流器为两点平结构，输送容量为 50MW，直流侧电压为±80kV，可以将南斯（Nas）风电场的电能送到哥特兰岛西岸的维斯比（Visby）市。随后的几个工程都采用了与此类似的设计。这些早期柔性直流输电系统的变流器开关频率较高，采用的都是两电平变流器技术，直流侧电压最高为±80kV。而第二代柔性直流输电工程一般采用三电平变流器，直流侧电压最高达到了±150kV，输电功率达到了 330MW。这种新的设计方案用在了克劳斯桑德联络工程和莫里互联工程中。同时，由于变流器电平数的提高，使变流器的开关频率有所降低，其中克劳斯桑德工程的开关频率为 1260Hz，莫里互联工程的开关频率为 1350 Hz。而在 2007 年投入运行的伊斯特互联工程以及随后的工程，可以认为是第三代柔性直流输电技术。这些工程中的变流器由于采用了优化脉宽调制（OPWM）技术，在变流器拓扑结构又回归到简单的两电平的同时，还显著降低了开关频率（1150Hz）。截止到目前，已经投入商业运行的柔性直流输电工程有 9 项，同时还有 4 项工程在建。目前运行的工程总输电容量为 950MW 左右，而随着技术的发展，新建工程的容量越来越大，电压等级也越来越高。

1997 年投入运行的赫尔斯扬（Hällsjön）实验性工程是世界上第一个采用电压源变流器进行的直流输电工程（见图 1-2）。这个实验性工程的容量和电压等级为 3MW/±10kV，电能通过一条用交流线路改造的 10km 架空线路进行传输。这个工程连接了瑞典中部的赫尔斯扬和哥狄斯摩（Grängesberg）两个换流站。工程于 1997 年 3 月开始试运行，随后进行的各项现场试验表明，此系统的功率传输稳定，在稳态和暂态下的所有性能都达到了预期效果。

此工程可以将赫尔斯扬的电能输送到哥狄斯摩处的交流系统，或者直接对哥狄斯摩处的独立负荷供电。在后一种情况下，相当于柔性直流输电系统向无源负荷供电，此时负荷的电压和频率均由柔性直流输电的控制系统决定。由于柔性直流输电系统的变流器是可以四象限运行的,因此具有较大的运行灵活性。并且由于具有无功补偿的能力,因此可以很好地抑制相连交流系统的电压波动。

此工程的意义在于,它在世界上首次实现了柔性直流输电技术的工程化应用,将可关断晶体管阀的技术引入了直流输电领域,使直流输电技术进入了一个新的发展阶段,开创了直流输电技术的一个新时代。柔性直流输电系统的出现,使直流输电系统的经济容量降低到了几十兆瓦的等级。同时,新型变流器技术的应用,为交流输电系统电能质量的提高和传统输电线路的改造提供了一种新的思路。

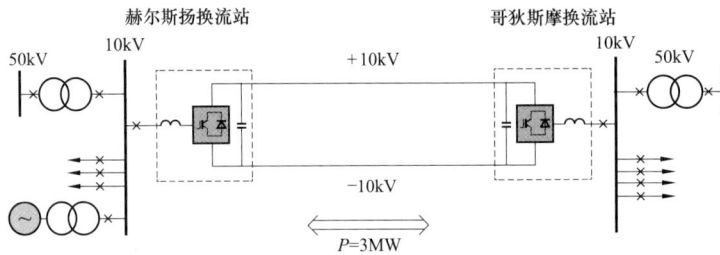

图 1-2   赫尔斯扬实验工程原理接线图

柔性直流输电现有工程的应用领域主要分为风电场并网、电网互联、孤岛供电和城市供电四个方面,下面分别就上述应用领域分别简要介绍柔性直流输电工程应用情况。

(1) 风电场并网工程。目前,应用于风电场并网的柔性直流工程有哥特兰 (Gotland) 工程、泰伯格 (Tjareborg) 工程和在建的瑙德 (Nord E. ON 1) 工程。

哥特兰 (Gotland) 岛是瑞典最大的岛屿,具有非常丰富的风力资源。岛上风力发电的快速发展,使其发电量从 1994 年的 15MW 发展到 1997 年的 48MW。但是岛屿本身的用电量较小,使得多余的电力需要送出。由于该风电场所在的南斯敦地区是瑞典风电场最集中的地方,由此导致本地电网严重失衡;另外,在风电场运行过程中还需要吸收一定的无功功率,使电网的电压质量较差。为了满足风电的发展需要和保证电压质量,在南斯敦 (Näsudden) 的南斯 (Näs) 换流站和瑞典北部港口城市维斯比 (Visby) 附近的贝克斯 (Bäcks) 换流站之间,采用一条柔性直流输电系统将哥特兰岛上的风电资源送往大陆。工程于 1999 年秋季投入运行,是世界上第一条商用的柔性直流输电系统,其原理接线图如图 1-3 所示。该工程不仅将哥特兰岛的电能输送到瑞典本土,而且提供了风电场所需要的动态无功

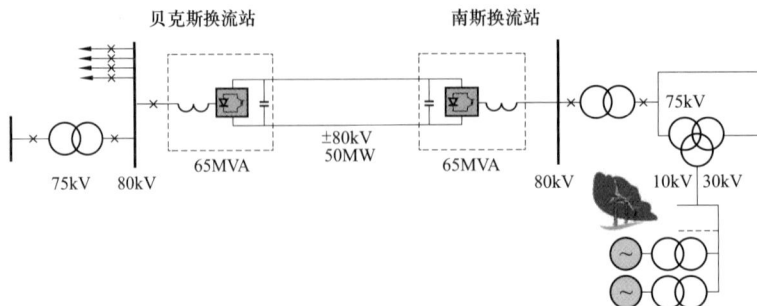

图 1-3   哥特兰工程原理接线图

功率支撑，解决了潮流波动、电压闪变和频率的不稳定问题，提高了相连交流系统的稳定性，并有效改善了电能质量，充分体现了柔性直流输电系统的优良性能。

（2）电网互联工程。目前，应用于电网互联的柔性直流工程有迪莱克特联接（Directlink）工程、伊格-帕斯背靠背（Eagle Pass B2B）互联工程、克劳斯-桑德互联（Cross Sound Cable）工程、莫里联络（Murraylink）工程、伊斯特互联（Estlink）工程和在建的卡普里维（Caprivi Link）互联工程。

迪莱克特联接（Directlink）工程连接了澳大利亚新南威尔士和昆士兰两个地区的电网，其中包含了 3 条并联的 60MVA 传输线，总功率 180MW，用来完成两个区域电网之间的连接和电力交易，原理接线如图 1-4 所示。由于全部采用了地下电缆来进行输送，使得迪莱克特联接工程在环境、外观等方面的不利影响都降到了最小。同时，由于柔性直流输电系统有良好可控性，使得两个区域电网之间的功率流动可以得到精确、快速的控制。由于每个换流站在传输有功功率的同时还可以提供独立的无功功率，因此还可以对所连接的电网提供动态无功支撑能力。

迪莱克特联接工程的 3 条并联线路在 2000 年的中期开始投入运行，并在传输控制特性方面取得了良好的预期效果。

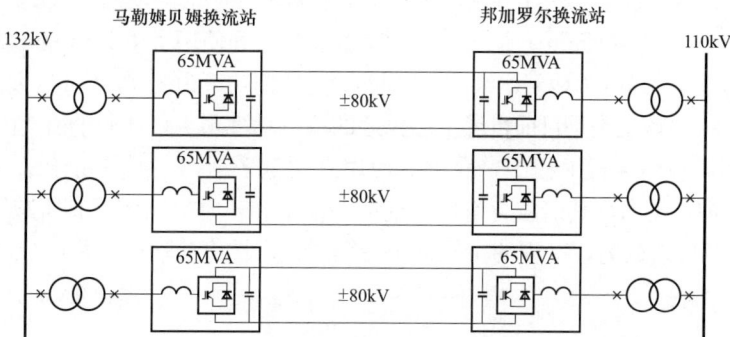

图 1-4　迪莱克特联结工程原理接线图

伊格-帕斯背靠背（Eagle Pass B2B）互联工程安装在美国的伊格-帕斯（Eagle Pass）变电站，连接到墨西哥边境上的彼德拉斯-内格拉斯（Piedras Negras）变电站，原理接线如图 1-5 所示。伊格-帕斯的负荷原来是由两条 138kV 的交流传输线提供的，但是由于地区负荷的增长使在峰值负荷下电网的电压稳定性有所降低，这使美国侧功率输送的可靠性也降低了。而在紧急情况下，虽然伊格-帕斯变电站可以通过 138kV 的联络线从墨西哥的电网中获取功率，但是会使变电站运行在饱和状态下，这可能会使变电站发生问题而导致供电中断。

为了提高电压的稳定性，同时使美国和墨西哥之间的功率双向交换不容易产生中断而对用户造成影响，需要对此线路进行升级。可选的第一个方案是再建设一条 70km 的 138kV 输电线路，和现有的两条

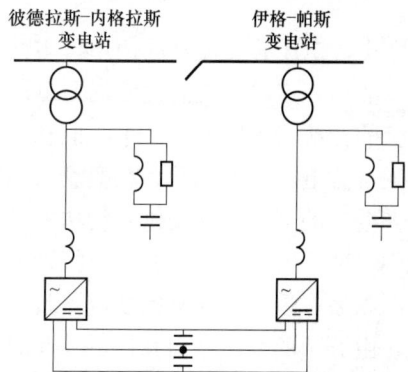

图 1-5　伊格-帕斯工程原理接线图

138kV 线路并联运行，但这个方案所面临的问题是很难获得到一条新的输电走廊。第二个方案是使用传统的高压直流输电技术，但是由于美国侧的交流系统是一个弱电网，可能会无法为传统直流输电系统提供所需要的换相容量，因此这个方案也不甚理想。而基于电压源变流器技术的柔性直流输电系统因为不受相连交流系统的影响，最终采用了该方案，在伊格-帕斯安装了一个 36MVA 的背靠背柔性直流输电系统。此工程投入运行后，可以稳定交流电压，并且可以在紧急情况下从墨西哥获得必要的功率输送。

伊斯特互联（Estlink）工程是欧洲电网互联最重要的工程之一。该工程的实施是为了确保电力系统的可靠运行，提高功率交换能力，并且建立一个更加高效的欧洲电力市场。由于波罗的海国家的电力网络没有和其他的欧洲国家互联，只是和俄罗斯的电网存在一定联系，因此基本成为一个电力孤岛。在爱沙尼亚和芬兰两个国家电网之间建立互联，不仅可以增强波罗的海地区电力系统的安全性和稳定性，另外还提供了电力交易的可能性。

由于两个地区的电网是非同步电网（即两个电网的频率不同），而且传输距离较长，并且有大部分输电走廊都需要经过海底，因此首先考虑使用高压直流输电系统。在项目的可行性研究阶段，通过对投资成本、过载能力、传输损耗、系统可用率、维护成本和建设时间的综合比较之后，最后选择了使用柔性直流输电系统。

工程在 2006 年底投运，其两端分别位于芬兰的赫尔辛基西部的埃斯波（Espoo）换流站和爱沙尼亚的塔林附近的哈库（Harku）换流站。两个换流站之间使用了 105km 的电缆进行连接（其中 74km 为海底电缆，31km 为地下电缆）。工程的额定传输功率为 350MW（最大为 365MW），直流侧电压为 ±150kV。该工程是目前世界上已投运的输电功率最大的柔性直流输电项目，原理接线如图 1-6 所示。在伊斯特工程中，变流器使用了两电平结构，但是由于采用了先进的优化脉宽调制（OPWM）技术，其谐波含量比以前的两电平和三电平结构都有所减小，同时开关频率也得到了降低。可以认为，工程的实施标志着第三代柔性直流输电技术的成功使用。

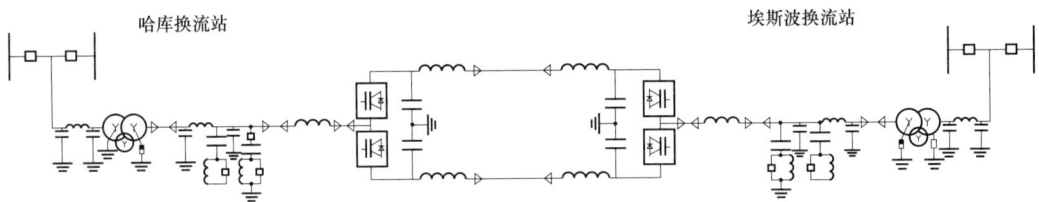

图 1-6　伊斯特工程原理接线图

由于电压源变流器的使用，柔性直流输电系统的两端都可以额外地提供无功功率和电压支撑能力，这对于提高爱沙尼亚电网的电压稳定性是很有好处的。同时，由于柔性直流输电系统的变流器可以产生一个幅值和相角都可以变化的电压，因此可以提供黑启动能力，即在一侧交流电网掉电以后，将变流器切换到控制器运行状态，此时可以由柔性直流输电系统向失去电压的交流电网提供启动功率，这个黑启动能力在爱沙尼亚电网进行了验证。在实际运行中，变压器上需要装有一个特别的辅助绕组来提供站用电，而当控制系统检测到电网完全停电以后，爱沙尼亚侧的变流器就自动地与交流电网断开，并且运行在"站用电负荷"模式下，由芬兰的换流站向其供电。此时变流器上的电压和频率由控制器本身决定，也就是作为发电机运行在频率控制下。然后再连接上爱沙尼亚侧的交流系统，首先加上一个较小的负载，然后逐渐增大负载，直到达到柔性直流输电系统的额定功率为止。黑启动特性可以使爱沙尼亚的电网在几分钟的时间内从完全停电的状态变为能够恢复一部分功能。而当交流侧足够的发电机开始运转发电后，爱沙尼亚侧变流器的控制模式可以从频率/电压控制转为正常情况下的功率/电压控制。

此工程的意义在于第一次将波罗的海地区的电力系统和欧洲电力系统进行了互联；提高了波罗的海和芬兰电网供电的可靠性；增加了各电力市场中的供电商数量。

（3）孤岛供电工程。目前，应用于孤岛供电的柔性直流工程有泰瑞尔（Troll A）工程和瓦尔哈（Valhall）工程。

在大部分海上平台中，所需要的电能都是由安装在平台上的燃气轮机或柴油发电机来提供的。但是这些发电机的效率一般都比较低（小于 25％），这不仅会导致大量的二氧化碳排放，而且造成了燃料的浪费，不利于节能减排。因此，考虑从陆上为海上平台提供电能，不仅可以减低温室气体的排放，还能够节省平台的发电成本和发电设备的维护费用，并且其生命周期和可用率都能得到提高。由于海上平台距离大陆较远而且负荷相对较小，因此所需要的输电距离较长而且容量很小。再加上长距离海底电缆输电和环境保护的要求，因此最好使用柔性直流输电系统向海上平台供电。

2005 年 10 月投运的挪威泰瑞尔（Troll A）柔性直流输电工程，就是用于从挪威的克尔斯奈斯（Kollsnes）换流站向泰瑞尔海上天然气钻井平台上的用电设备供电。工程使用了两个并联的柔性直流输电系统，每个系统的额定功率为 45MW，直流电压 ±60kV，输电线路为 70km 长的海底电缆，原理接线如图 1-7 所示。在泰瑞尔海上钻井平台中，由于平台上所使用的气体压缩机转速是时刻变化的，由柔性直流输电系统的变流器直接向上面的变速同步电机进行供电，使同步电机的频率可以在 42～63Hz、运行电压在 0～56kV 之间变化。这是世界上第一个从大陆向海上平台提供电能的柔性直流输电系统。

由于在海上平台上，空间和质量都要受到严格的限制，因此对换流站的设计提出了较高的要求。而柔性直流输电系统的换流站所需要的滤波器远小于普通直流输电系统，而且不需要无功补偿设备，变压器也不需要特别设计，因此其质量和体积都要远远小于传统直流输电系统的换流站。

此工程投运后，不仅每年可以减少二氧化碳排放量 23 万 t，还显著地降低了海上平台的运营成本和维护费用以及在海上使用燃气轮机的危险性。

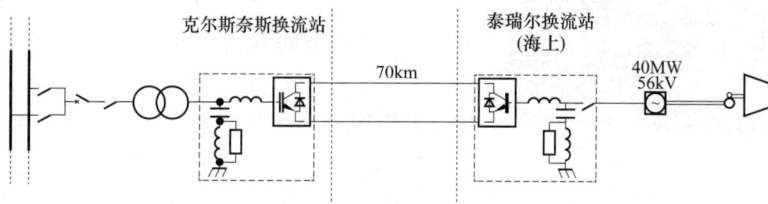

图 1-7　泰瑞尔工程原理接线图（单个系统）

（4）城市供电工程。目前，应用于城市供电的柔性直流工程仅有在建的传斯贝尔联络（Trans Bay Cable）工程。

传斯贝尔联络工程是从匹兹堡市的匹兹堡换流站开始，经过一条位于旧金山湾区海底的 88km 长的高压直流电缆，把电能传送到旧金山的波特雷罗换流站。工程计划于 2010 年 3 月投入运行。工程为东湾和旧金山之间提供一个电力传输和分配的手段，以满足旧金山的城市供电需求。而且由于柔性直流输电系统可以提高电网的可靠性、提供电压支撑能力和降低系统损耗，因此将会改善互联两个地区电网的安全性和可靠性。

旧金山市的大部分电力供应都来自圣弗朗西斯科半岛的南部，主要依赖于旧金山湾区南部的交流网络。在此工程完成之后，电力可以直接送到旧金山的中心，增强了城市供电系统的安全性。由于直流电缆是埋于地下和海底，也不会造成对环境的污染。

传斯贝尔联络工程和上面所介绍的所有工程的最大不同之处，在于此工程中使用了新型的模块化多电平变流器，其额定容量为 400MW，直流侧电压为 $\pm 200 \mathrm{kV}$。这种模块化多电平变流器是由许多个单元换流模块组成的，其中每个换流桥臂包含若干个模块。桥臂的输出电压由各个模块的电压组合而成，形成一个阶梯状的波形。

这种新型电压源变流器的好处是避免了桥臂器件的直接串联，降低了变流器的技术难度，同时减小了输出电压所含的谐波，在电平数较高时可以不需要滤波器进行滤波。但是这种结构也存在着一些缺点，比如各桥臂上模块中的电容电压平衡比较困难，同时由于各个模块的开关状态都不同，因此需要对每个模块进行单独的控制，造成控制系统比较复杂等。

1.2　传统直流输电与柔性直流输电的区别

柔性直流输电目前的经济功率输送范围是几兆瓦至上千兆瓦，既可用于中小功率的输配电场合，也可用于远距离输电场合，因此可以说柔性直流是常规直流的有益补充。随着技术的不断进步，在将来有一天甚至可以取代传统直流。下面把两种直流输电方式加以比较，以帮助读者了解柔性直流的独特之处。

1.2.1　换流站

柔性直流输电技术与常规直流输电技术最根本的区别就在于换流站的差异，包括换流器中使用的器件以及换流阀控制技术等。

图 1-8　绝缘栅双极晶体管 IGBT 实物图

在换流器所使用的器件上，柔性直流输电系统一般采用 IGBT（绝缘栅双极晶体管），见图 1-8。由于 IGBT 是一种可自关断器件，即可以根据门极的控制脉冲来将器件开通和关断，不需要换相电流的参与。这是由 IGBT 构成的换流器具有四象限运行的能力，即在外特性上可以等效为一个发电机。因此柔性直流输电系统不需要交流系统提供换相容量，可以向弱网络或无源负荷供电。这是柔性直流输电系统的一个重要特点。而常规直流通常是采用晶闸管阀，由于晶闸管是非可控关断器件，这在常规直流输电系统中只能控制换流阀的开通而不能控制其关断，其关断必须借助于交流母线电压的过零，使阀电流减小至阀的维持电流以下才行。因此，常规的高压直流输电系统换流器存在以下缺点：只能工作在有源逆变状态，不能接入无源系统；对交流系统的强度较为敏感，一旦交流系统发生干扰，容易换相失败；无功消耗大，虽然可以通过改变触发角或熄弧角实现对无功功率的控制，但对无功功率的控制不能独立于对有功功率的控制，这会导致系统电压不稳定,使对电力系统的动态控制相当困难;谐波含量高,输出电压和电流的波形均存在很大的谐波分量,需要在换流站安装各种等级的滤波装置来滤除谐波,增加了成本。这些缺点是由于晶闸管自身的内在缺陷所致,难以克服。但是由于其能承受的电压和电流容量仍是目前电力电子器件中最高的,而且技术比较成熟,因此在高压直流输电领域仍占据主导地位。

柔性直流输电系统中的换流阀由于采用了 IGBT 器件,可以实现很高的开关速度,因此在触发控制上通常采用 PWM 技术,开关频率相对较高,换流站的输出电压谐波量较小,主要包含的是高次谐波。这使其换流站需安装的滤波装置的容量也大大减小,不仅缩小了换流站的占地,还降低了投资费用。而传统直流输电系统中换流阀的关断只能借助于交流系统的过零点,因此其开关频率只能是工频。这使其输出的电压中谐波含量较大,谐波次数也较低,并且需要大量的无功补偿装置。

由于控制方式的不同,传统直流输电系统的换流站之间必须进行通信以传递系统参数并进行适当的控制;而柔性直流输电系统中各换流站之间的通信不是必需的,这样可以大大减少通信线路的投资,并且其控制系统的结构易于实现无人值守。

在换流站结构方面,柔性直流输电系统由于结构较为紧凑,体积较小,因此其换流站设备大都可以放在室内(考虑到散热和体积等问题,一般将变压器放在室外),这样就有效地减少外界的恶劣环境如雷击、覆冰等引起的各类故障以及机械损伤等,不仅提高了系统的运行可靠性,还延长了设备的使用寿命,见图 1-9(a)。而传统直流输电系统中由于无功补偿和滤波器等设备体积较大,数量较多,因此结构复杂,一般只将换流阀和控制保护系统放在室内,其余的设备大都放在外面的露天换流场中,见图 1-9(b)。

柔性直流输电系统中除换流阀以外,所使用的大部分设备都是常规设备,不需要进行特殊的设计,因此柔性直流输电系统的换流阀和控制器以及辅助冷却系统等可以在

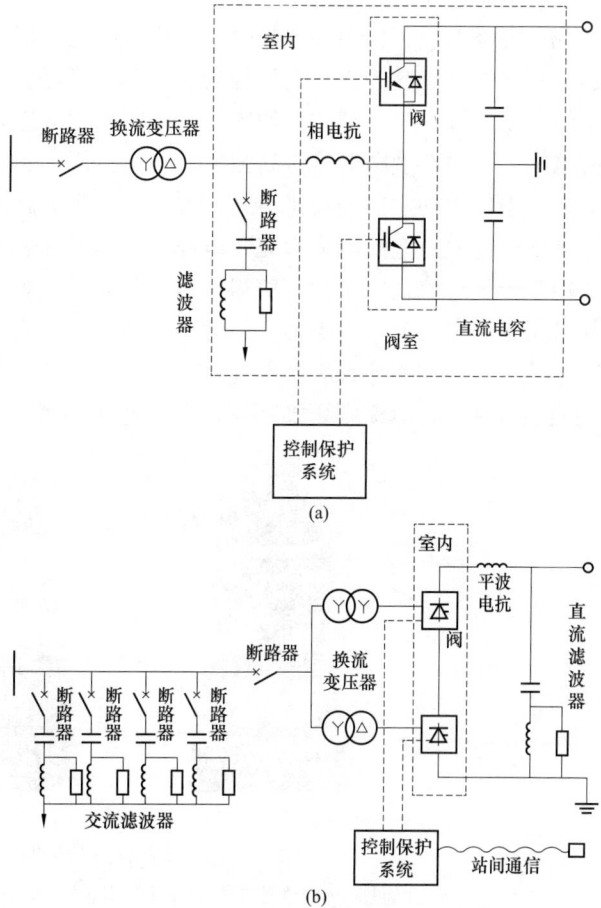

图 1-9　直流输电换流站单线结构示意图
(a)柔性直流输电系统换流站单线;(b)常规直流换流站单线

工厂内封装和试验，并且其他常规设备可以直接购买，这种模块化的设计使柔性直流输电系统的设计、生产、安装和调试周期大大缩短。而常规直流输电系统的各设备必须针对具体工程进行独立的设计，并且变压器等主要设备也需要进行特殊考虑，因此模块化程度不高，需要根据具体工程进行设计、组装和调试，导致运输和安装成本较高，工程的建设周期较长。

1.2.2　输电线路

柔性直流输电与传统直流输电都可以采用架空线或电缆（以及它们的组合）作为输电线路。在相同的电压等级，输送相同功率的条件下，电缆的造价远高于架空线。以±400kV，1000MW 的输电线路为例，考虑施工费用，电缆的单位造价约为架空线造价的 7~8 倍。因此在传统直流输电工程中，陆上输电均采用架空线（跨海输电则必须使用电缆）。而柔性直流输电系统基本上都是采用电缆输电，主要原因是柔性直流输电技术还不能有效控制直流侧故障电流。当发生直流故障时，必须断开交流侧电源，由此会造成输电中断。目前，最佳解决方式就是通过使用直流电缆来提高系统的可靠性和可用率。

柔性直流工程若采用架空线路，在机械结构和电气方面的设计与传统直流工程没有本质差别，完全可以借鉴传统直流工程的设计和施工经验。而柔性直流与传统直流输电线路中所使用的电缆是有一定区别的，如图 1-10 所示。柔性直流输电工程一般采用的是挤压聚乙烯直流电缆，这种新型电缆具有高强度、方便掩埋、重量轻、传输功率密度大等特点，而传统直流工程中使用的主要油浸纸绝缘电缆（MIND，高黏度油浸纸绝缘电缆；LPOF，低黏度油浸纸绝缘电缆）充油电缆和充气电缆。挤压式聚乙烯电缆不能承受电压极性改变，因此，不能用于传统直流输电工程。值得注意的是虽然交联聚乙烯（XLPE）交流电缆的外形和结构与挤压聚乙烯直流电缆类似，但并不能直接用于直流输电，因为通过直流电流时聚乙烯中空间电荷分布不均而导致破坏电缆绝缘。传统直流中的油绝缘电缆会对环境造成油污染，而用于柔性直流工程电缆则更加环保，不会造成油污染。

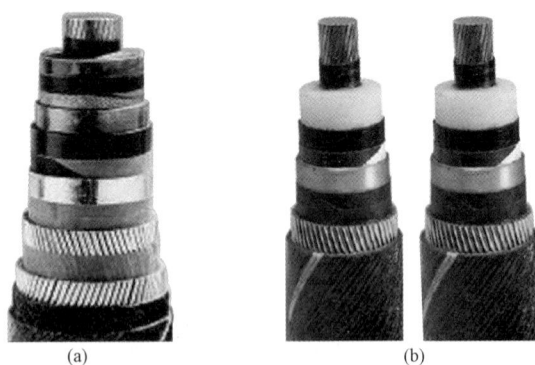

图 1-10　常规直流和柔性直流海底电缆
(a) 无滴漏整体浸渍纸绝缘（MIND）海底电缆；(b) 三层挤压式固体绝缘海底电缆

1.2.3　控制性能

柔性直流输电可以同时分别独立地控制有功功率和无功功率，只是有功功率和无功功率均不能超出设备的额定容量。而传统直流输电系统中的换流器只有触发角一个控制量，因此无法实现有功功率和无功功率的单独控制。从这一点来说，柔性直流输电系统的控制性能要大大优于传统直流输电。

针对交流系统的频率控制性能方面，柔性直流输电和传统直流输电没有显著的区别，只是由于开关频率较高，柔性直流输电系统的响应才更快一点。

柔性直流输电系统在潮流反转时只需改变电流方向，这使柔性直流输电系统改变功率方向时两端换流站控制策略不变，更不需要投切交流滤波器支路或闭锁换流器。由于传统直流改变功率方向需要改变电压极性，因此在碰到需要反转功率传送时，可能就需要改变送端和受端的控制策略，并且需要对滤波器和无功补偿设备的投切情况进行实时判断。

在直流侧发生故障的情况下，传统直流可以将换流器进行闭锁，以消除直流侧故障电流。尤其是直流线路发生故障时，传统直流可以通过去游离消除直流线路故障，一般经过一到两次去游离就可以恢复送电，某些情况下也可以降低直流电压恢复送电。而柔性直流输电系统中的换流器由于存在不可控的二极管通路，因此柔性直流输电系统不能闭锁直流线路短路故障时的故障电流，在故障发生后只能通过断开交流侧断路器来切除故障。

1.2.4　与交流电网的关系

柔性直流输电系统的换流器不需要外加的换相电流，因此可以工作在无源逆变方式下，这使其受端系统可以是孤立网络或无源负荷。同时，这也意味着柔性直流输电系统可以为故障后电网的黑启动提供支撑，即可以为受端系统提供黑启动能力。传统直流输电系统由于必须要相连的交流系统提供足够的换相电流来使晶闸管关断，如果交流系统容量太小，就可能会发生换相失败的现象，因此，传统直流输电的受端系统必须具有一定旋转容量的交流系统，而不能是弱网络或无源网络。

柔性直流输电系统的换流器不需要交流侧提供无功功率，而且能够根据电网的无功需求灵活地调节发出或者吸收无功功率，从这一点来说，还同时起到了静止无功补偿器（STATCOM）的作用，可以动态补偿交流母线的无功功率，并稳定交流母线电压。同时，由于控制的快速性和灵活性，柔性直流输电系统可以快速地将功率从一个方向的最大值连续输送到另一个方向的最大值进行变换。这意味着在故障时，如果电压源换流器容量允许，那么柔性直流输电系统既可以向系统提供有功功率的紧急支援，又可提供无功功率紧急支援，这样不仅能提高系统的功角稳定性，还能够提高系统的电压稳定性。而传统直流输电系统的换流器在工作时要吸收大量的无功功率，在换流站中一般都要安装大量的无功补偿设备，不仅增大了占地面积，而且由于无法提供无功输出，反而要吸收无功功率，因此，其提供电压支撑的能力要弱于柔性直流输电系统。

由于柔性直流输电系统换流器的交流侧电流可以被控制，不会增加系统的短路功率。这表明当新增柔性直流输电系统线路后，交流系统的保护整定值就不需要改变。

1.2.5　多端柔性直流输电

目前，世界上在运行的多端直流输电系统都是基于强迫换相换流器的传统多端直流输电（CSC－MTDC）系统。采用晶闸管构成的换流器其交流侧系统必须有一定强度的系统，如果当一端接入弱交流系统时，就会极大地影响整个直流输电系统的运行特性。当换流站需要改变潮流方向时，除了改变换流器的触发角，使原来的整流站（或逆变站）变为逆变站（或整流站）以外，还必须将换流器直流侧两个端子的接线倒换过来接入直流网络才能实现。因此，传统的多端直流输电系统在潮流变化频繁时很不方便。

针对基于电流源换流器的传统直流输电，柔性直流输电系统在潮流反转时，直流电流方向反转而直流电压极性不变，非常有利于构成灵活可控的多端直流输电（VSC-MTDC）系统，即多端柔性直流输电系统。

如果利用原有的直流输电系统，结合现有的新技术，构成混合式 MTDC（Hybrid-MTDC）输电系统，这在技术上也具有相当大的竞争力。早在 1994 年，就有学者提出了混合直流输电系统的设想。众所周知，世界上绝大多数直流输电系统都是基于晶闸管的电流源双端直流输电系统。如果在传统直流输电系统的基础上，接入柔性直流输电换流站，将系统扩展为混合式输电系统，就可以实现用直流输电系统向弱交流系统、负荷密集的大城市，甚至无源系统输送功率，也可以用直流输电系统从其他形式的新型能源中心，如风力、太阳能发电等获取电能。

根据当前技术发展水平，表 1-1 以直观地形式表示出柔性直流输电和传统直流输电的主要区别。

表 1-1　　　　　　　　　传统直流和柔性直流输电系统对比表

输电方案项目		柔性直流输电	传统直流输电
系统参数	输送功率的范围	10～400MW	250～6400MW
	运行功率调节范围	10%～100%	10%～100%
	电压等级范围	±10kV～±200kV，350kV	±100kV～±800kV
	直流电流上限	1500A	4000A
	单端换流站损耗	0.5%～1%	0.5%～1%
	系统可用率	96%左右	96%左右
系统结构	直流传输线	挤压聚乙烯直流电缆	架空线或直流电缆（浸渍纸绝缘或充油）
	模块化程度	高	低，定制性强
	开关/换相技术	IGBT/电压源换相	晶闸管/电源换相
	滤波/无功补偿	小容量滤波器	大容量滤波器＋并联电容器/SVC
	直流滤波	平波电抗器	平波电抗器＋直流滤波器
	连接交流系统	传统变压器	换流变压器（特殊设计）
	站间通讯	不需要	需要
	换流站屏蔽性	很好	不好，仅换流阀室内安装
交直流系统关系	对交流网络的依赖性	可以向无源网络送电	要求交流系统具有足够的短路容量（短路比不小于2）需要外加的换相电压，不能向无源网络送电
	无功支持	无需无功补偿	需交流系统或增加无功补偿设备提供换流站消耗的无功功率

输电方案项目		柔性直流输电	传统直流输电
控制性能	有功和无功功率控制	有功、无功可以独立控制	有功、无功不能独立控制，调节无功需要特殊装置和额外费用
	频率控制	较快	较慢
	电压控制	本身可以起到STATCOM的作用，稳定交流母线电压	需借助无功补偿设备稳定交流母线电压
	功率反向输送能力	直流电流方向反转，而直流电压极性不变，功率反向时系统不停运，控制策略不变	直流电压极性反转，直流电流方向不变，功率反向时，换流站需退出运行，改变控制策略
	黑启动能力	当一端交流系统发生电压崩溃或停电时，瞬间启动自身的参考电压，并脱离交流系统，相当于无转动惯量的备用发电机，随时准备向瘫痪电网供电	无
	故障穿越能力	有	无
	实现多端直流的难易程度	容易	较难
环境影响	换流站占地	较小	较大，是同等容量下为柔性直流的3~5倍
	输电走廊	陆上一般采用直埋电缆，对环境景观没有影响	陆上一般采用架空线，占地大
	油污染	没有	有
	电磁污染	小	小
运行经验	商业运行	9年	>50年
	连接海上负荷/电源	2年	无

1.3　柔性直流输电的技术特点

柔性直流输电技术作为新型输电技术，是实现我国新能源并网、城市供电、海岛互联以及分布式能源接入的重要技术，能有效提高交流系统电压稳定性、功角稳定性、降低损耗，事故后能快速恢复和实现黑启动，便于电力交易等。有以下技术优势：一是在电能传输中控制灵活、输电品质高；二是电网稳定性好，故障后启动能力强；三是能削弱新能源发电对电网的扰动，接纳能力强；四是电能输送距离长且损耗小；五是施工周期短且占地小，模块化可扩展性好；六是适合交流电网非同步互联、偏远负荷供电、海上采油钻井平台或孤岛供电、提高配电网电能质量等领域应用。

柔性直流技术在消纳新能源发电方面有着巨大优势，能通过对风电进行全方位控制，使风力发电的间歇性特点不会扰乱电网，灵活性强，对冲击负荷的承受能力更大。我国海域广阔，海上资源禀赋好，可开发能源理论蕴藏量巨大，柔直技术对海上风能、太阳能、波浪能等新能源耦合开发与应用的优势明显，对探索潮流能、潮汐能规模化开发，扩大海洋能利用具有战略意义，是未来海上城市电能枢纽建设与电能输送的关键技术。

柔性直流输电工程的应用领域主要分为风电场并网、电网互联、孤岛和弱电网供电及城市供电四个方面。

由于电压源换流器的使用，柔性直流输电系统的两端都可以额外地提供无功功率和电压支撑能力。同时，由于柔性直流输电系统的换流器可以产生一个幅值和相角都可以变化的电压，因此可以提供黑启动能力，即在一侧交流电网掉电以后，此时可以由柔性直流输电系统向失去电压的交流电网提供启动功率。

1.3.1 柔直输电系统的优点

柔性直流输电系统的主要优点与其采用全控型开关器件和高频 PWM 调制技术这两个基本特征有关。目前已建和在建的柔性直流输电工程均采用绝缘栅双极晶体管（IGBT），而采用的 PWM 调制技术主要有正弦脉宽调制（SPWM）和优化脉宽调制（OPWM），即使是新型的模块化多电平技术，在本质上也是一种针对脉波的调制技术。

由于柔性直流输电是从常规直流输电的基础上发展起来的，因此常规直流输电技术所具有的优点，柔性直流输电系统大都具有，例如：柔性直流输电线路相比于交流线路来说要少用一根导线，线路造价较低、损耗较小，而且占用的输电走廊也比较窄；柔性直流电缆线路输送容量大、损耗小、使用寿命长，并且输送距离基本上不受限制；柔性直流输电一般使用地下或海底电缆，在铺设时可以使用直埋技术，不仅降低了工程成本、缩短了工程时间，还减小了对环境的影响；柔性直流输电不存在交流输电的稳定性问题；柔性直流输电可以实现非同步系统的互联；柔性直流输电系统所输送的有功功率和无功功率可以由控制系统进行控制；柔性直流输电可以方便地进行分期建设和增容扩建。除了以上与传统直流输电所共有的优点之外，柔性直流输电系统还有一些自身的特殊优点，当柔性直流输电系统接入交流系统后，存在如下优点：

（1）有功和无功快速独立地控制。柔性直流输电系统可以在其运行范围内对有功和无功功率进行完全独立的控制。两端换流站可以完全吸收和发出额定的无功功率，通过接收无功功率指令或根据交流电网的电压水平调节其发出或吸收无功功率，并在这个范围内连续调节有功输出。但此时直流电缆上的有功潮流要保持平衡，即整个系统吸收的有功要等于发出的有功加上系统损耗，如果这种平衡被打破，直流电压就会快速变化。对于一般的工程设计，直流侧电容充放电在 2ms 内就能完成。为了保持有功平衡，一端换流站要采用定直流电压控制，根据另一端有功传输的情况随时调整它的功率输出。此时两端换流站只需测量直流电压就可以实现该控制策略，而不需要站间通信。正因为这个特点，柔性直流输电系统可以传输很低的功率，甚至零功率。当传输零功率时，无功调节范围不再受到换流器总容量的限制，可以达到其额定值。

（2）潮流反转方便快捷。直流电流反向即可实现潮流反向，不需要改变电压极性。而控制系统配置和电路结构都保持原样，也就意味着不改变控制模式，也不需要换流器闭锁，整个反向过程可以在几毫秒内完成。无功功率控制器同时动作，保证无功功率交换不受反向过程的影响。这个特点有利于构成既能方便地控制潮流又有较高可靠性的并联多端直流系统。

（3）提高现有交流系统的输电能力。通过控制电网电压，减少相连交流电网的输电损耗，包括线路损耗和发电机励磁损耗。通过快速精确的电压控制，可以使现有电网接近其极限运行，暂态过电压被无功控制的快速响应抵消，极大地提高了现有交流电路的输电容量。

柔性直流输电系统还可以在系统电压崩溃时及时提供无功支持，调度员可以根据柔性直流提供的无功限额尽可能增加输送功率，输电能力增加的幅度远比柔性直流的无功容量大。

（4）提高交流电网的功角稳定性。除了电压稳定问题，电网的功角稳定问题也是制约线路输电能力的因素之一。电网的功角稳定（机电振荡）振荡模式和机理复杂，目前很难找到一种鲁棒性很好的阻尼算法，抑制一种模式的振荡有可能激发另一种模式的振荡。较好的解决办法有调节发电机的输出功率、投切负荷和采用柔性直流输电，因为它们可以实际地消耗或注入有功功率阻尼振荡。柔性直流可以通过以下方式阻尼振荡：

保持电压恒定，调节有功潮流；

保持有功不变，调节无功功率（SVC式阻尼）；

通过监测线电流、潮流或者本地频率，或者利用功角相量测量系统（PMU）直接测量电压相角，来观察电网状态。

（5）事故后快速恢复供电和黑启动。事故后，柔性直流可以向电网提供必要的电压和频率支持，帮助系统恢复供电。2003年美国东北部8·14大停电时，美国长岛的柔性直流输电工程的表现很好地验证了柔性直流输电系统的黑启动能力。正常情况下，柔性直流以交流系统电压为参考电压，参考电压的幅值频率由交流电网的电源确定。当发生电压崩溃或停电时，柔性直流会瞬间启动自身的参考电压，并脱离交流系统的参考量。这时的柔性直流系统相当于无转动惯量的备用发电机，随时准备向瘫痪的电网内的重要负荷供电。实现这一功能的前提是柔性直流要有一端连接在正常的电网上。

（6）可以向无源电网供电。电压源换流器电流能够自关断，可以工作在无源逆变方式，无换相失败问题，所以不需要外加的换相电压，受端系统可以是无源网络。

另外，经过合理的控制系统设计，柔性直流还可以消除交流系统的电压闪变和特定次谐波的能力。

在设计和施工方面，柔性直流输电系统有如下特殊的优点：

（1）设计灵活。柔性直流的各组成部分，包括直流室（内置直流滤波器和直流开关）、换流器（包括IGBT阀和相电抗）、交流滤波室、交直流接口（包括换流变压器和交流开关）可以任意安排在合适的位置，它们之间使用高压电缆连接。换流站单位兆瓦占地面积仅为传统直流输电的20%左右，面积小、质量轻。

（2）大部分设备安装在户内。为了避免出现较高的钢结构建筑，方便维护和保护工作人员的人身安全，交流滤波装置、相电抗、直流滤波装置均固定在较矮的基座或支架上，并置于简易库房样的房屋内，同时留有转移设备用的大门和供维护人员出入的小门。使用室内设计可以屏蔽高频射电，降低可听噪声，使室内设备不受恶劣天气的影响，降低了发生污闪事故的风险。

（3）施工工期短。换流阀及其控制和冷却系统在工厂内封装，通过一系列测试后直接运到现场，加快了系统核心设备安装和现场调试的进度。外围建筑由标准配件组成，运到现场后能够快速组装。从签订合同到交付使用的典型工期在20个月左右（具体工期还要结合现场情况）。

在对环境的影响方面，柔性直流输电的技术优势更加明显，主要有：

1）不影响环境景观。采用地下/海底电缆，换流站类似普通厂房（见图1-11）。基本没有室外配电装置，对环境景观影响很小。

图 1-11 Cross Sound Cable 工程一端换流站鸟瞰图

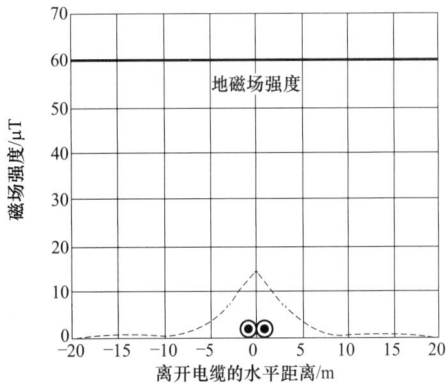

图 1-12 300MW 柔性直流双极电缆静电磁
场强度与地磁场强度的对比

（测量条件：电缆埋于地面以下 1m 处，
电缆直径 95mm，通过电流 1000A，沿地面测量）

2）电磁干扰小。柔性直流两极电缆近距离敷设，由于它们的电流流向相反，产生的电磁场相互抵消，残余的电磁场强度甚至比地磁场强度还小（见图 1-12）。直流电缆周围的电磁场是静电磁场，和交流电缆周围的磁场不同，这种电磁场没有电感效应，对人体没有伤害，也不会影响周围的通信线路。

柔性直流系统设备周围的电磁场由于外围建筑的屏蔽作用也非常小。外围建筑主要是屏蔽无线电频段的电磁波，因为柔性直流内部的高频电流主要发出 1~2kHz 的电磁波。

3）采用地下/海底电缆，没有可听噪声，换流站的外建筑还可以有效减噪。

4）双极运行，不需要接地极，没有注入地下的电流。

另外，柔性直流输电还可以促进电力市场化的建设，其优点主要体现如下：

1）快速准确的功率控制可以为用户提供满意的电力供应；

2）功率反向平稳过程，供电电能质量高；

3）不需要滤波器开关，功率变化时，滤波器不需要提供无功功率。

1.3.2 柔直输电系统的不足之处

当然，除了上述突出的优点，柔性直流也有其相对不尽如意的地方，例如：

（1）系统损耗大。由于内环采用高频 PWM 控制，开关频率以千赫兹计，导致开关损耗较大。开关频率 1.95kHz 两电平的柔性直流换流站功率损耗（不含线路）为系统额定功率的 6%，开关频率 1.26kHz 三电平的柔性直流换流站损耗（不含线路）降低到 3.6%。当前最新的技术是采用两电平拓扑，并辅助优化正弦波控制策略，可将换流站损耗降低到 1.6% 左右。而传统直流换流站的只有系统额定功率的 0.8%，仍远低于柔性直流换流站损耗。当然，伴随电力电子器件和拓扑结构等技术进步，柔性直流换流站损耗还有继续降低的趋势。

（2）不能控制直流侧故障时的故障电流。一旦直流侧故障，交流断路器必须断开。而一旦断开后，短时间内重新启动系统不太可能。换流器在开关动作前允许故障电流持续 3 个周波。而柔性直流作为电力系统中重要的有功传输装置，要求它能够长期可靠地运行，因此为了降低直流线路的故障率，现有柔性直流工程一般都采用电缆输电。

（3）系统稳定性和可靠性有待工程运行数据的验证。常规直流已经有 50 多年的运行历史和近百个工程统计数据的支持，它的安全性和可靠性已经普遍被人们接受，但柔性直流只有 10 年的运行历史，大部分工程只有 4、5 年的运行经验，因此它的安全性和可靠性还需要经受时间的考验。

1.4 柔性直流输电系统的构成

柔性直流输电工程的系统结构可分为两端直流输电和多端直流输电。两端柔性直流输电与交流系统只有两个连接端口，每个端口处有一个换流站；多端柔性直流输电与交流系统有三个及以上的连接端口，分别有三个或者三个以上的换流站。

1. 两端柔性直流输电系统

两端柔性直流输电系统由两端换流站和直流线路组成，其换流站既可以作为整流站运行，又可以作为逆变站运行。送端和受端交流系统与直流输电系统有密切的关系。送端电力系统作为直流输电的电源，提供传输的功率；而受端系统则相当于负荷。因此，两端交流系统是实现直流输电不可或缺的部分。另外，直流系统性能的好坏直接影响两端交流系统的运行性能。因此，直流输电系统的设计条件和要求在很大程度上取决于两端交流系统的特点和要求。两端柔性直流输电系统又可以分为单极系统、双极系统和背靠背直流系统三种类型。

单极直流输电系统可以采用正极性或负极性。单极直流架空线路通常采用负极性。但单极系统的可靠性和运行稳定性不如双极系统好，实际的工程中一般采用双极系统。双极系统是由两个可独立运行的单极系统组成，便于工程进行分期建设，同时在运行当中一极出现问题时，可自动转为单极运行。因此，在实际的运行中，单极系统的运行方式还是比较常见的。

单极系统常见的接线方式有单极大地回线方式和单极金属回线方式。单极大地回线是利用一根导线和大地构成直流侧的单极回路，两端换流站均需接地，这种方式的大地相当于直流线路的一根导线，流经它的电流为直流输电工程的运行电流。对于单极大地回线方式的直流输电工程，其接地极所设计的运行电流即为工程连续运行的直流电流。金属回线是利用两根导线构成直流侧的单极回路，其中一根低绝缘的导线用来代替单极大地回线方式中的地回线。运行中，大地无运行电流流过。图 1-13 分别给出了单极系

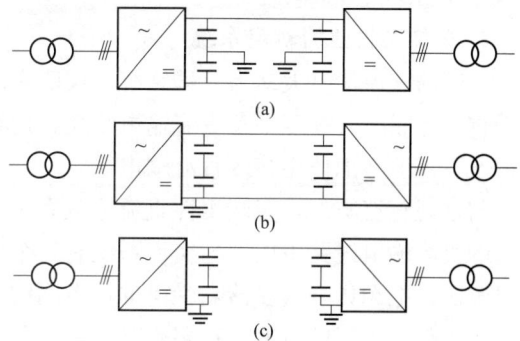

图 1-13 单极系统几种常见的接线方式
(a) 对称单极；(b) 金属回线非对称单极；
(c) 大地回线非对称单极

统几种常见的接线方式。

双极系统接线方式是直流输电工程中通常所采用的接线方式。一般在实际的应用中，根据换流器的串并联分为换流器级联和并联两种方式的接线方式。图 1-14 分别给出了双极系统的接线图。

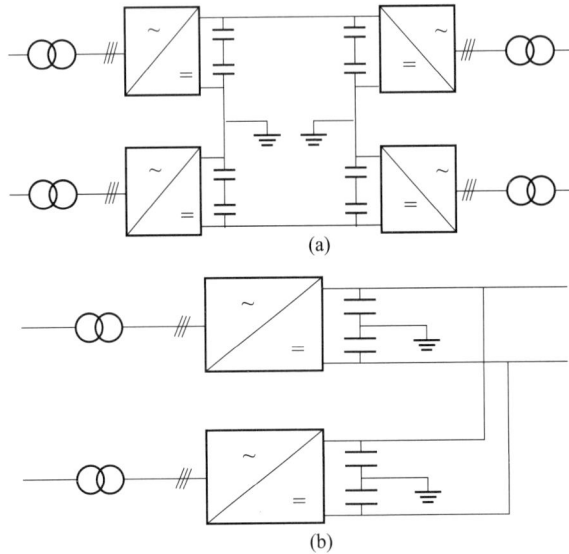

图 1-14　双极系统的接线图
(a) 双极（换流器级联）；(b) 换流器并联

背靠背直流系统是输电线路长为零的两端直流输电系统。它主要应用于两个非同步运行的交流电力系统之间的联网或送电，也称为非同步联络站。如果两个电网的频率不同，也可称为变频站。背靠背直流系统的整流和逆变装置通常装在一个站内。背靠背系统的主要特点是直流侧可选择低电压，可充分利用大截面晶闸管的通流能力，同时直流侧设备也因直流电压低而使其成本降低。

2. 多端柔性直流输电系统

一般的直流输电大多为双端系统，仅能实现点对点的直流功率传送，当多个交流系统间采用直流互联时，需要多条直流输电线路，这将极大提高投资成本和运行费用。因此，在这种情况下一般考虑使用多端直流输电系统。

与常规直流类似，多端柔性直流输电系统也是由三个或三个以上换流站以及连续换流站之间的直流输电线路组成，与交流系统有三个或三个以上连接端口。多端柔性直流输电系统可以解决多电源供电或多落点受电的输电问题，它还可以联系多个交流系统或者将交流系统分成多个孤立运行的电网。在多端直流输电系统中的换流站，可以作为整流站运行，也可以作为逆变站运行，但作为整流站运行的换流站总功率与作为逆变站运行的总功率必须相等，即整个多端系统的输入和输出功率必须平衡。多端直流输电系统换流站之间一般采用并联连接方式，连接换流站之间的输电线路可以是分支形或闭环形等。

与两端高压直流输电相比，在一些场合下，使用多端直流输电系统可能带来更大的经济性和灵活性，例如：从能源中心输送功率到远方的几个负荷中心；直流线路中途分支接入电源或负荷；几个孤立的交流系统用直流线路实现非同步联网；大城市或工业中心供电，由于受到架空线路走廊限制而必须用电缆或因短路容量而不宜采用交流输电时，利用柔性直流输电向若干个换流站供电等。

第 2 章

柔性直流输电换流技术

2.1 柔性直流输电的基本原理

以典型的三相两电平六脉动型换流器的柔性直流输电换流站为例，介绍柔性直流输电的基本原理。系统结构如图 2-1 所示。由图虚线划分可知，两端柔性直流输电系统可以看作为两个独立的静止无功发生器（STATCOM）通过直流线路联结的合成系统；对于交流系统而言，交流系统向柔性直流换流站提供连接节点，即换流站与交流系统是并联的。由以上柔性直流输电系统拓扑结构特点分析可知，柔性直流输电系统具有 STATCOM 进行动态无功功率交换的功能，除此之外，由于两个电压源换流器（VSC）的直流侧互联，它们之间又具备了有功功率交换的能力，可以在互联系统间进行有功潮流的传输。

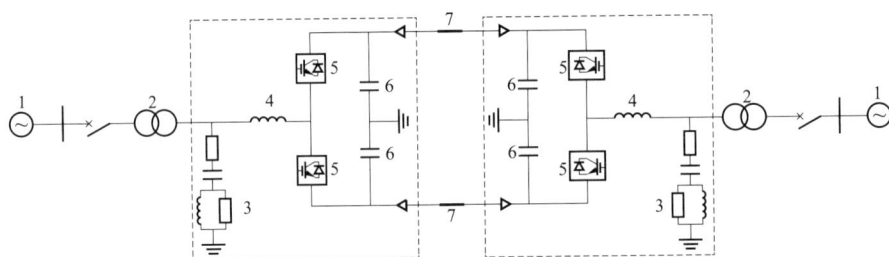

图 2-1 两端 VSC-HVDC 结构示意图

1—两端交流系统；2—联结变压器；3—交流滤波器；4—相电抗/阀电抗器；5—换流阀；
6—直流电容；7—直流电缆/架空线路（背靠背式两端 VSC-HVDC 不包含 7）

柔性直流输电系统换流站的主要设备一般包括电压源换流器、相电抗器/阀电抗、联结变压器、交流滤波器、控制保护以及辅助系统（水冷系统、站用电系统）等。

电压源型换流器包括换流电路和直流电容器，实现交流电和直流电转换的换流电路由一个或多个换流桥并联（或串联）组成，目前在柔性直流工程中还未出现多个换流桥组成的组合式换流器，但组合式换流器可以达到降低开关频率，减少损耗的目的，在某些情况下也可能被采用。电压源型换流桥可以采用多种拓扑结构，工程中常用的有三相两电平桥式结构、二极管钳位式三电平桥式结构、模块化多电平结构，还有工程中未曾应用但研究者比较关注的二极管钳位多电平结构和飞跨电容多电平结构。换流器中的每个桥有三个相单元，一个相单元有上下两个桥臂，每个桥臂或由一重阀（两电平）构成，或由两重阀（三电平）构成，或由多重阀（多电平）构成。柔性直流输电系统的换流阀由于并联了续流二极管阀，因而具有双向导通性，一个换流阀由一个或数个阀段组成，每个阀段又由多个子模块组成（子模块原理框图见图 2-2）。在已投入运行的柔性直流工程中，阀层就是由压装式 IGBT 连同驱动板、控制板及其他辅助电路共同构成。直流电容器为 VSC 提供直流电压支撑，缓冲桥臂关断时的冲击电流，减小直流侧谐波；相电抗器则是电压源换流器与交流系统进行能量交换的纽带，同时也起到滤波的作用。此外，交流滤波器的作用是滤除交流侧谐波；换流变压器是带抽头的普通变压器，其作用是为电压源换流器提供合适的工作电压，保证电压源换流器输出最大的有功功率和无功功率。

两电平换流器

桥臂

IGBT串联阀

IGBT晶圆

IGBT芯片

阀段(封装后)

阀段(封装前)

门极单元   IGBT

散热器

压装式IGBT
及其子模块

IGBT阀层

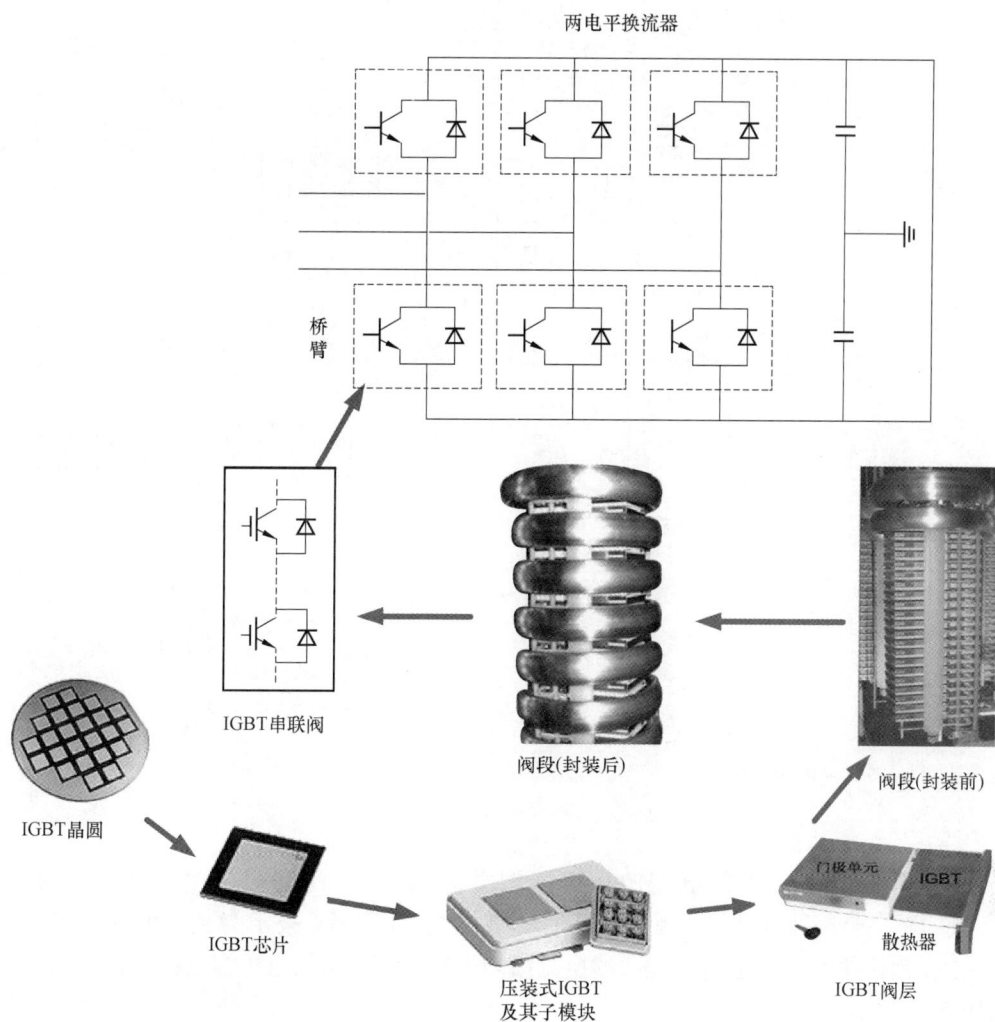

图2-2 子模块原理框图

　　两端电压源换流器的换流站与直流线路合在一起构成柔性直流输电系统，换流站的两个直流端点分别接到线路的两根导线。与常规直流一样，这些端点称为极。柔性直流输电系统通常是双极运行，从两组对称的直流电容器组的中间引出一点接地，换流器的两个直流端一端为正极，一端为负极。正常情况下，两根极导线中的直流电流大小相等，方向相反，没有电流通过接地点和大地。

　　连接两个交流有源网络的柔性直流输电系统的稳态物理模型如图2-3所示，通过对两端VSC的有效控制可以实现两个交流有源网络之间有功的相互传送，在有功传送的同时，各端VSC还可以调节各自所吸收或发出的无功对所连两端交流系统予以无功支持，是一种具有快速调节能力、多控制变量的新型直流输电系统。

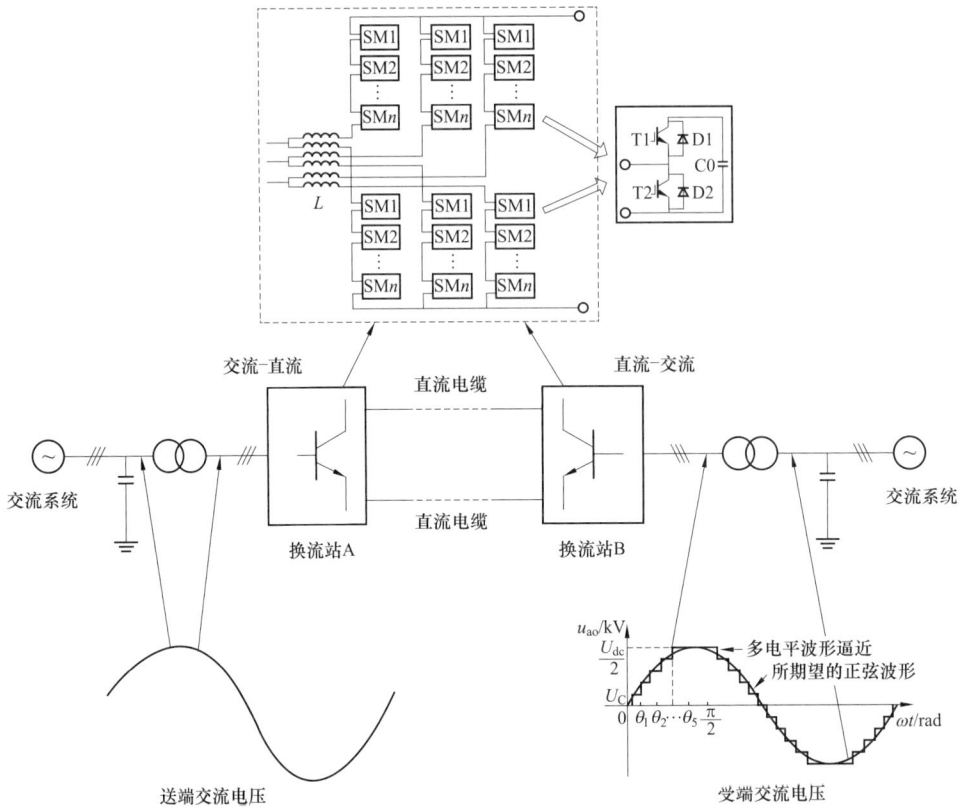

图 2-3　柔性直流输电技术原理图

　　与基于相控换相技术的电流源换流器型直流输电不同，电压源换流器型直流输电（VSC-HVDC）是一种以可控关断器件和阶梯波调制（SWM）技术为基础的新型直流输电技术。上海南汇柔性直流输电工程两端换流站均采用 MMC 结构电压源型换流器和阶梯波调制（SWM）技术。

　　如图 2-3 所示，由 MMC 拓扑结构换流器可知，换流器上下桥臂电压分别是由上下桥臂所有级联子模块的输出电压合成的。增加子模块的串联的级数，可以大大降低换流器输出电压的总谐波畸变率。理论上讲，当换流器级联的子模块数为无穷大时，换流器输出电压近似于正弦波；同时还可以增加换流器的容量，改善换流器的动态响应性能。但是，实际应用中换流器的级联子模块数并不能无限制的增加，它会受到诸如系统复杂性等因素的限制。

　　MMC 可以通过调节换流器出口电压的幅值和与系统电压之间的功角差，独立地控制输出的有功功率和无功功率。柔性直流输电系统交流侧基波等效原理图如图 2-4 所示。

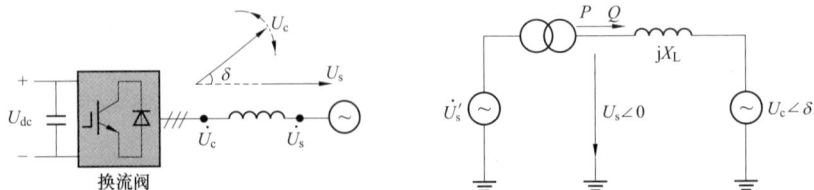

图 2-4　柔性直流输电系统交流侧基波等效原理图

根据上述等效原理图，在假设阀电抗器无损耗且忽略谐波分量时，换流器和交流电网之间传输的有功功率 P 及无功功率 Q 分别为

$$P = \frac{U_s U_c \sin \delta}{X_{eq}} \tag{2-1}$$

$$Q = \frac{U_s (U_s - U_c \cos\delta)}{X_{eq}} \tag{2-2}$$

式中：U_c 为换流器输出电压的基波分量；U_s 为交流母线电压基波分量；δ 为相角差；X_{eq} 为相电抗器的电抗。

有功功率的传输主要取决于 δ，无功功率的传输主要取决于 U_c。因此通过对 δ 的控制就可以控制直流电流的方向及输送有功功率的大小，通过控制 U_c 就可以控制 VSC 发出或者吸收的无功功率。从系统角度来看，VSC 可视为一无转动惯量的电动机或发电机，可以实现有功和无功功率的瞬时独立调节，进行四象限运行。

电压源换流器首先要满足负荷需要或分散电源尽量送出的要求，调节是按电压源实现的，它的有功功率传输主要取决于交流母线电压与换流器输出电压的夹角，无功功率的传输主要取决于换流器输出电压。从系统角度来讲，电压源换流器可以看成是一个无转动惯量的电动机或发电机，它几乎可以瞬时实现有功功率和无功功率的独立调节，实现四象限运行。电压源换流器输出电流仅由其端电压的阻抗决定，无论稳态或瞬态，这个要求都必须满足，有功和无功的调节并不是任意调整的。对于柔性直流输电系统的任意一端都有如式（2-1）和式（2-2）所示的关系。通过控制电压源换流器输出电压 U_c 的幅值和相位角，就能改变电流的幅值及其相对于交流系统电压 U_s 的相位 δ，从而实现换流站与交流系统间有功功率和无功功率大小和方向的控制。

如果 $\delta > 0°$，即 U_c 相位超前 U_s，换流站工作在逆变状态，向交流系统注入有功功率。如果 $\delta < 0$，即 U_c 相位滞后 U_s，换流站工作在整流状态，从交流系统吸收有功功率。当 $U_c\cos\delta - U_s > 0$ 时，换流站向交流系统注入无功功率。当 $U_c\cos\delta - U_s = 0$ 时，换流站从交流系统吸收无功功率。当 $U_c\cos\delta - U_s < 0$ 时，换流站注入到交流系统的无功功率为零，换流站将工作在单位功率因数状态。图 2-5 为柔性直流输电系统换流器稳态运行相量图，由此可见，柔性直流系统可四象限运行。

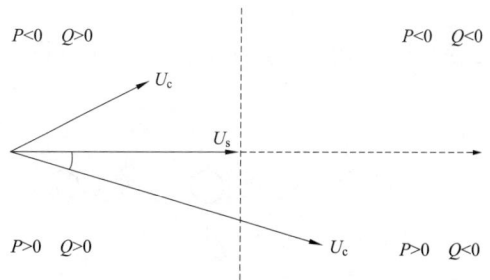

图 2-5　柔性直流输电系统换流器稳态运行相量图

2.2　电压源换流器（VSC）

电压源换流器（Voltage Source Converter，VSC）为柔性直流输电系统的核心部件，是影响整个换流系统性能、运行方式、设备成本及运行损耗等的关键因素。电压源换流器是基于全控型功率半导体器件的电力电子变换装置。

由于电压源换流器中直流电压的极性不变，直流电流是双向的，因此所采用的可关断器

件组（VSC 阀）只需阻断正向电压而无需阻断反向电压，同时应具备双向电流导通能力，通常采用可关断器件（如 IGBT、IGCT 等）与反并联的二极管构成电压源换流器的基本单元。在高压换流器中，为增大装置容量，可以采用将多个基本单元串/并联来形成一个电压源换流器阀，从而为电压源换流器装置提供适当的电压和电流。

电压源换流器具有多种形式的拓扑结构，如两电平（2-level）、三电平（3-level）、多电平（multi-level），各电压源换流器基本单元间的不同布置也会产生出新的拓扑，即组合型电压源换流器，如多脉波（multi-pulse）电压源换流器。电压源换流器中可关断器件的开通、关断是通过各种调制策略来实现的，调制策略是电压源换流器控制技术的核心。在柔性直流输电领域，大多采用脉宽调制技术（Pulse Width Modulation，PWM）。当微处理器应用于脉宽调制技术实现数字化以后，又不断有新的脉宽调制技术出现。依据开关频率的不同，电压源换流器调制策略可分为低开关频率调制策略和高开关频率调制策略，其中低开关频率调制策略包括空间矢量调制（Space Vector Modulation，SVM）和特定次谐波消除（Selective Harmonics Elimination，SHE）；高开关频率调制策略包括正弦脉宽调制技术（Sine PWM，SPWM）、改进型正弦脉宽调制技术（如三次谐波注入 PWM）、载波移相正弦脉宽调制技术（Phase Shift SPWM）、空间矢量脉宽调制技术（Space Vector PWM）。在柔性直流输电领域，较常用的是 SPWM、三次谐波注入 SPWM、开关频率优化 PWM（SFO-PWM）、载波移相 SPWM 以及特定次谐波消除 PWM（SHEPWM）。

2.3 模块化多电平（MMC）电压源型换流器

2.3.1 MMC 工作原理

MMC 结构换流器中，若将 VSC 阀不仅考虑成能执行开关动作的半导体器件，也考虑

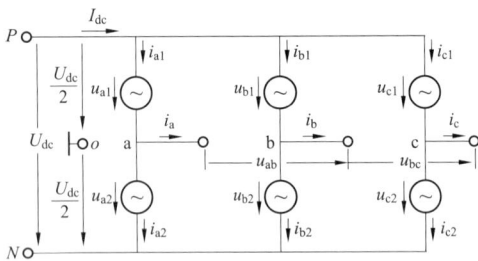

图 2-6 模块化多电平 VSC 电气等值示意图

成分布式直流电容的话，将会使问题变得大大简化。在效果上，经这样考虑后的 VSC 阀将变成可控的电压源，连接在 VSC 某相交流输出端与直流母线一端之间。图 2-6 为具有"可控电压源"类型 VSC 阀的模块化多电平电压源变流器的电气等值示意图。

如图 2-6 所示，"P"点表示 VSC 正直流母线，"N"点表示 VSC 负直流母线，"o"点表示 VSC 假想的直流侧中性点。VSC 直流电压为 U_{dc}，故"P"点相对于"o"点的电压 u_{Po} 为"$+\frac{1}{2}U_{dc}$"；"N"点相对于"o"点的电压 u_{No} 为"$-\frac{1}{2}U_{dc}$"。"u_{ai}"、"u_{bi}"、"u_{ci}"（$i=1,2$）分别表示 VSC 每相半桥臂上"可控电压源"的电压，从而可以得出式（2-3）～式（2-5）分别为

$$\begin{cases} u_{a1} = u_{Pa} = u_{Po} - u_{ao} = \dfrac{1}{2}U_{dc} - u_{ao} \\ \\ u_{a2} = u_{aN} = u_{ao} - u_{No} = \dfrac{1}{2}U_{dc} + u_{ao} \end{cases} \qquad (2-3)$$

$$\begin{cases} u_{b1} = u_{Pb} = u_{Po} - u_{bo} = \dfrac{1}{2}U_{dc} - u_{bo} \\ \\ u_{b2} = u_{bN} = u_{bo} - u_{No} = \dfrac{1}{2}U_{dc} + u_{bo} \end{cases} \qquad (2-4)$$

$$\begin{cases} u_{c1} = u_{Pc} = u_{Po} - u_{co} = \dfrac{1}{2}U_{dc} - u_{co} \\ \\ u_{c2} = u_{cN} = u_{co} - u_{No} = \dfrac{1}{2}U_{dc} + u_{co} \end{cases} \qquad (2-5)$$

在式（2-3）～式（2-5）中，u_{ao}、u_{bo} 与 u_{co} 分别表示 VSC 各相交流输出端相对于直流侧假想中性点"o"的电压。只要对 VSC 各相半桥臂电压"u_{ai}"、"u_{bi}"、"u_{ci}"（$i=1,2$）依照式（2-3）～式（2-5）限定的值去施加，则在 VSC 的输出端便能得到所期望的直流电压 U_{dc} 与交流电压 u_{ao}、u_{bo}、u_{co}。除此之外，式（2-3）～式（2-5）也满足式（2-6）～式（2-8）所示的基尔霍夫电压定律（KVL）的要求。

$$\begin{cases} u_{a1} + u_{ab} + u_{b2} = U_{dc} \\ u_{b1} - u_{ab} + u_{a2} = U_{dc} \end{cases} \qquad (2-6)$$

$$\begin{cases} u_{b1} + u_{bc} + u_{c2} = U_{dc} \\ u_{c1} - u_{bc} + u_{b2} = U_{dc} \end{cases} \qquad (2-7)$$

$$u_{a1} + u_{a2} = u_{b1} + u_{b2} = u_{c1} + u_{c2} = U_{dc} \qquad (2-8)$$

由式（2-8）可知，VSC 的三个桥臂施加相同的电压 U_{dc}，又由于 VSC 具有严格的对称性，三个桥臂相对于直流端电压 U_{dc} 来说具有相同的阻抗，因此直流电流 I_{dc} 将在三个桥臂间均分。同样地，也是出于 VSC 的对称性，各相输出端电流 i_a、i_b、i_c 将在各相上、下半桥臂间均分。因此，可以得出 VSC 各相半桥臂暂态电流"i_{aj}"、"i_{bj}"、"i_{cj}"（$j=1,2$），如式（2-9）～式（2-11）所示。

$$\begin{cases} i_{a_1} = \dfrac{1}{3}I_{dc} + \dfrac{1}{2}i_a \\ \\ i_{a_2} = \dfrac{1}{3}I_{dc} - \dfrac{1}{2}i_a \end{cases} \qquad (2-9)$$

$$\begin{cases} i_{b_1} = \dfrac{1}{3}I_{dc} + \dfrac{1}{2}i_b \\ \\ i_{b_2} = \dfrac{1}{3}I_{dc} - \dfrac{1}{2}i_b \end{cases} \qquad (2-10)$$

$$\begin{cases} i_{c_1} = \dfrac{1}{3}I_{dc} + \dfrac{1}{2}i_c \\ \\ i_{c_2} = \dfrac{1}{3}I_{dc} - \dfrac{1}{2}i_c \end{cases} \qquad (2-11)$$

某正常运行工况下的 VSC 变流器中相应的电压、电流波形分别如图 2-7 和图 2-8 所示。

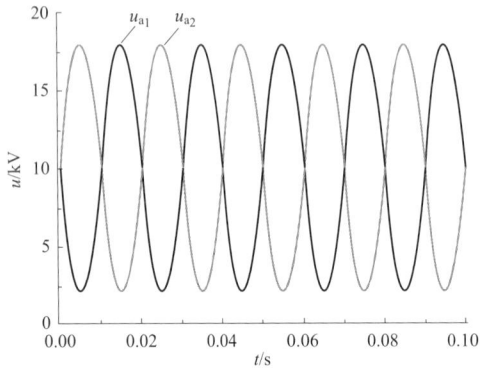

图 2-7 A 相上、下桥臂电压 u_{a_1} 与 u_{a_2}

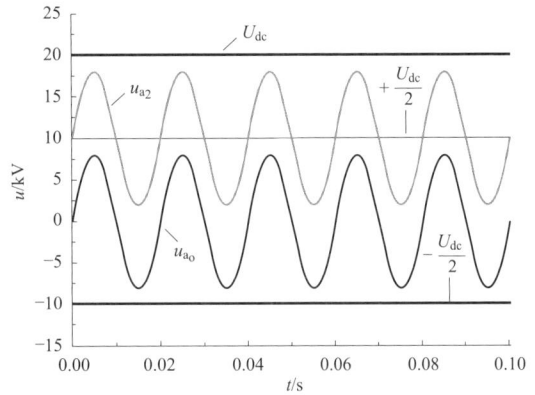

图 2-8 直流电压 U_{dc}、正母线电压 $+U_{dc}/2$、负母线电压 $-U_{dc}/2$ 以及电压 u_{a_2}、u_{a_o}

2.3.2 MMC 中的最近电平调制

用 $u_s(t)$ 表示调制波的瞬时值，U_c 表示子模块的直流电压平均值。n（通常是偶数）为上桥臂含有的子模块数，也等于下桥臂含有的子模块数，这样每个相单元任一瞬时总是只投入 n 个子模块。如果这 n 个子模块由上、下桥臂平均分担，则该相单元输出电压为 0。根据图 2-10，随着调制波瞬时值从 0 开始升高，该相单元下桥臂处于投入状态的子模块需要逐渐增加，而上桥臂处于投入状态的子模块需要相应地减少，使该相单元输出的电压跟随调制波升高。理论上，NLC 将 MMC 输出的电压与调制波电压之差控制在（$\pm U_c/2$）以内。

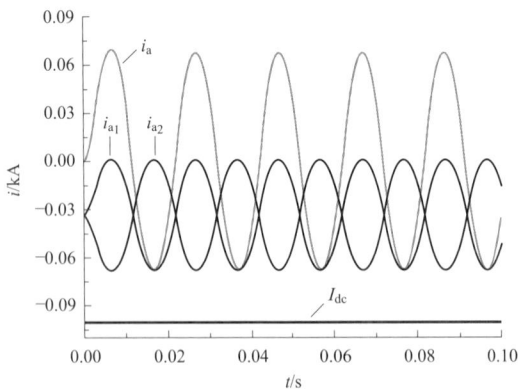

图 2-9 电流 i_a、i_{a_1}、i_{a_2} 与 I_{dc}

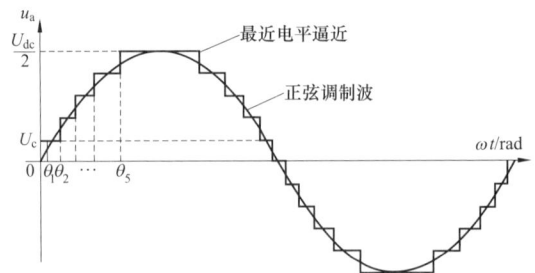

图 2-10 MMC 的 NLC 调制

这样在每个时刻，下桥臂需要投入的子模块数的实时表达式可以表示为

$$n_{down} = \frac{n}{2} + \text{round}\left(\frac{u_s}{U_c}\right) \qquad (2-12)$$

上桥臂需要投入的子模块数的实时表达式为

$$n_{\text{up}} = n - n_{\text{down}} = \frac{n}{2} - \text{round}\left(\frac{u_{\text{s}}}{U_{\text{c}}}\right) \qquad (2-13)$$

式中 round：(x) 表示取与 x 最接近的整数。

受子模块数的限制，有 $0 \leqslant n_{\text{up}}$、$n_{\text{down}} \leqslant n$。如果根据式（2-12）和式（2-13）算得的 n_{up}、n_{down} 总在边界值以内，则称 NLC 工作在正常工作区。一旦计算的某个 n_{up}、n_{down} 超出了边界值，则这时只能取相应的边界值。这意味着当调制波升高到一定程度，由于电平数有限，NLC 已经无法将 MMC 输出的电压与调制波电压之差控制在（$\pm U_{\text{c}}/2$）以内。只要出现这种情况，我们就称 NLC 工作在过调制区。

图 2-11 为三相结构模块化多电平电压源换流器的主电路拓扑。其将电容与开关器件视为一整体来构建子模块，各相桥臂均是通过一定量的具有相同结构的子模块加一电抗器串联构成，仅仅通过变化所使用的子模块的数量，就可以灵活改变换流器的输出电压及功率等级，易于扩展到任意电平输出，具有较低的谐波畸变，且采用较低的开关频率，降低损耗，提高效率。另外，该换流器具有正、负直流母线，适合于高压直流输电场合。

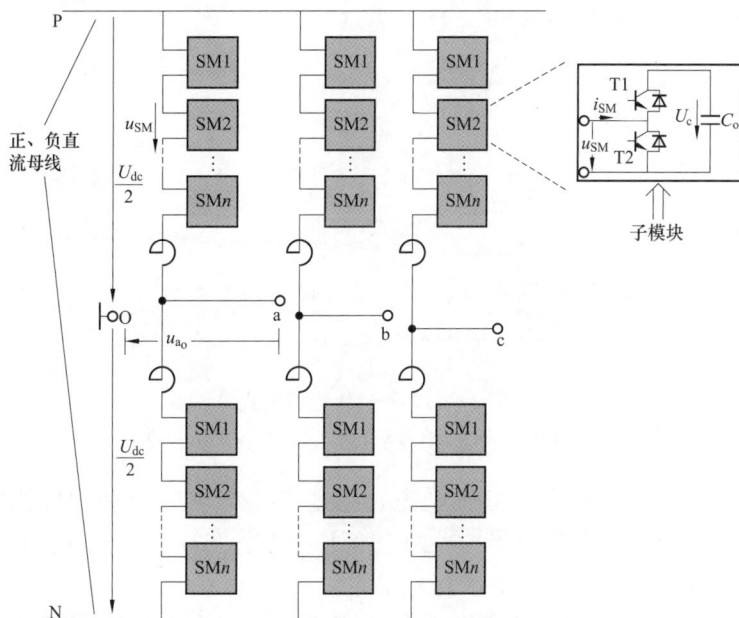

图 2-11 模块化多电平 VSC 三相结构示意图

图 2-12 所示即为示范工程中采用的子模块结构，T1、T2 分别表示 IGBT。

每个子模块由两个 IGBT 开关器件 T1、T2 和一个直流存储电容 C 构成，且无需额外的外部连接或能量传输即可满足四象限运行。在正常运行情况下，当 T1 开通时，子模块输出电压 u_{sM} 为存储电容电压 u_{c}；当 T2 开通时，u_{sM} 为零（忽略器件的自身通态压降）。若两个 IGBT 开关器件均处于关断状态，则每个开关器件所承受的电压为存储电容电压 u_{c}。

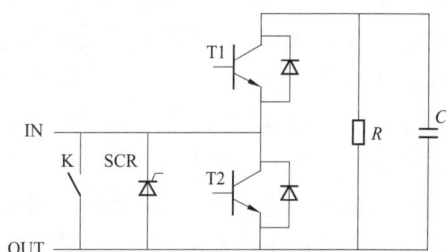

图 2-12 子模块结构示意图

子模块共有三种运行模式:

(1) T1 与 T2 均闭锁;

(2) T1 开通、T2 关断;

(3) T1 关断、T2 开通。图 2-13 分别示意出了这三种子模块运行模式,其中:图(a)表示运行模式(1);(b)表示运行模式(2);(c)表示运行模式(3)。图中的箭头标明电流的流向。

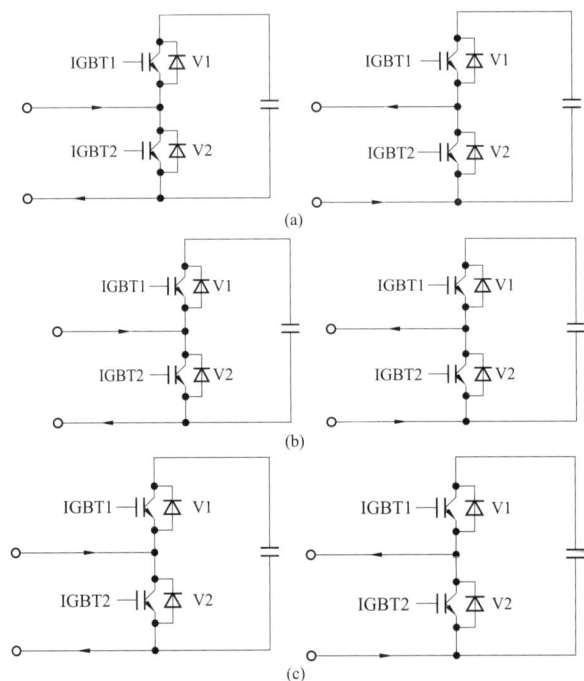

图 2-13　子模块运行模式

(a) 两个 IGBT 均闭锁;(b) IGBT T1 开通,T2 关断;(c) T1 关断,T2 开通

运行模式(1):T1 与 T2 均闭锁的状态,此时有点类似于两电平时的阻断状态,当模块化多电平变流器处于某些故障状态时,两个 IGBT 也处于这种模式,比如较严重的直流侧短路故障,而在正常工作时是不会存在这种模式。

当电流从正母线方向向交流输出端流动时,电流会从上面的各续流二极管 V1 经子模块电容逐步流向交流输出端,此时子模块电容会被充电;当电流从交流输出端向正母线方向流动时,电流会从下面的各续流二极管 V2 不经子模块电容而逐步流向正母线方向,此时,子模块电容会被旁路,在两个 IGBT 均闭锁时,只会有子模块电容被充电而没有其放电的可能。

运行模式(2):T1 开通、T2 关断的状态,电流仍能双向流动,仍以上半桥臂为例,当电流从正直流母线向交流输出端方向流动时,电流会从上面的各续流二极管 V1 经子模块电容逐步流向交流输出端,此时子模块电容会被充电;当电流从交流输出端方向向正直流母线方向流动时,电流会从各子模块电容经 V1 逐步流向正直流母线,此时子模块电容放电。

此时的工作状态具有如下特点:电流可以双向流动;不管电流从何种方向流动,子模块输出端总会引出子模块电容电压;子模块电容可以充、放电,取决于电流的方向,这一特点会对各子模块电容电压均衡、将其维持在同一水平值具有指导意义。

运行模式（3）：T1 关断、T2 开通的状态，电流仍能双向流动，仍以上半桥臂为例，当电流从正直流母线向交流输出端方向流动时，电流会从各 T2 不经子模块电容逐步流向交流输出端，此时子模块电容电压不受影响；当电流从交流输出端方向向正直流母线方向流动时，电流会从各下面的续流二极管 V2 不经子模块电容逐步流向正直流母线方向，此时子模块电容电压也不会受影响。

此时的工作状态具有如下特点：电流可以双向流动；不管电流向何种方向流动，子模块电容电压不会受到影响；子模块输出端引出的仅是开关器件的通态压降，约为零电压，这一特点会对子模块冗余设计具有指导意义。

基于如上阐述，便可得出模块化多电平电压源变流器的主电路拓扑结构，如图 2-13 所示。图中每相的上、下半桥臂均由 n 个子模块及一个电抗器串联而成。只要有规律地触发各相上、下半桥臂中的 n 个子模块，就可以对直流电压 U_{dc} 及交流 u_{ao}、u_{bo}、u_{co} 输出电压进行独立地调节、控制。

当 VSC 发生内部或外部故障，比如发生较严重的直流侧短路故障时，变流器半桥臂中的电流将会急剧上升，为了确保可关断器件 IGBT 的安全，在各半桥臂中串联一电抗器，通过加装电抗器，可将电流上升率限制在数十安培每微秒的水平，正是由于这种低的电流上升率，从而 IGBT 可在数微秒的时间内可靠、安全地关断，为 VSC 提供了有效、可靠的保护。另外，电抗器除了具有保护 IGBT 这一主要作用外，其还具有其他两项辅助功能：

（1）VSC 所预期的直流侧电压 U_{dc} 需依靠桥臂上串联的子模块通过恰当的控制方式来构建，从直流侧来看，VSC 的 A、B、C 三个相桥臂相当于被并联在正、负母线之间，实际中各相桥臂所产生的直流电压并不会完全等于直流电压 U_{dc}，这种不等会在桥臂上产生脉动电流（环流），在桥臂上加装电抗器便可有效地调节、阻尼此脉动电流（环流），将其限定在一个较低的水平。

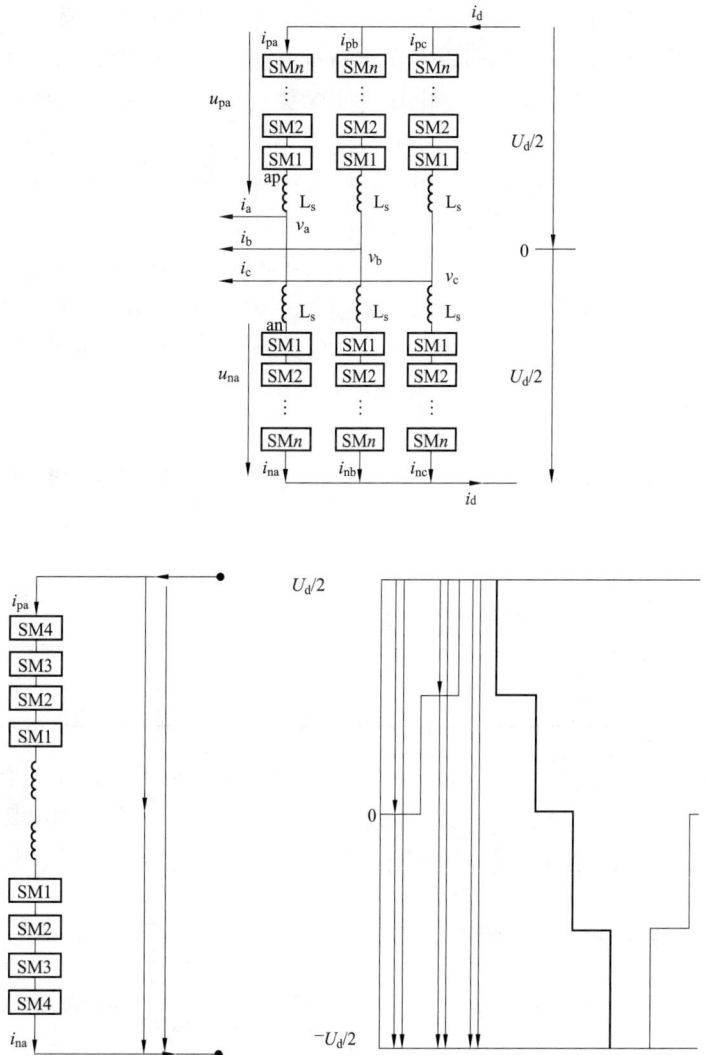

图 2-14 MMC 建压原理

33

（2）接口电抗的一部分可来自于加装的电抗器。

MMC的正常运行需要满足一些前提条件，为保持直流电压的稳定，即 $U_{pj}+U_{nj}=U_d$（p 上桥臂，n 下桥臂，$j=a$，b，c 各相），在不考虑冗余的情况下，一般要求上下桥臂的子模块对称互补投入，如果定义某一时刻 a 相上桥臂投入的子模块个数为 N_{pa}，下桥臂投入的子模块个数为 N_{na}，则在任意时刻应满足：$N_{pa}+N_{na}=N_{sm}$（N_{sm} 为一相上桥臂或下桥臂的子模块总数）。对任意时刻，应保证一个相单元中总有一半的子模块投入。上下桥臂分别有 N 个子模块，可以构成 $N+1$ 个电平。

为分析方便，以 5 电平拓扑来说明帮助我们理解 MMC 运行原理。对于 5 电平拓扑，每个相单元由 8 个子模块组成，上下桥臂分别为 4 个子模块。实线代表上桥臂电压，虚线代表下桥臂电压，而点划线代表总的直流侧电压。由图 2-14 可以清楚地看到，输出电压和直流侧电压以及子模块电容电压之间的关系。在不考虑冗余情况下若 MMC 每个相单元有 $2N$ 个子模块串联组成，则上下桥臂分别有 N 个子模块，可以构成 $N+1$ 个电平，任一瞬时每个相单元投入的子模块数目为 N，SM 导通的个数必须满足：$M+L=N$（M 为上桥臂投入的子模块个数，L 为下桥臂投入的子模块个数）。

当 $M=0$，$L=4$ 时，意味着上桥臂所有 SM 都为切除状态（即上开关管 T1 关断，下开关管 T2 导通），下桥臂所有 SM 都为投入状态（即上开关管 T1 导通，下开关管 T2 关断），则交流侧输出电压为 2000V；当 $M=1$，$L=3$ 时，上桥臂有 1 个 SM 投入，下桥臂有 3 个，交流侧输出为 1000V；当 $M=2$，$L=2$ 时，上下桥臂各投入 2 个，交流侧输出为 0V。电平数增加时，其工作原理与 5 电平类似。

表 2-1   **5 电平 MMC 交流侧输出电压**

模式	M	L	交流侧输出电压（V）
1	0	4	2000
2	1	3	1000
3	2	2	0
4	3	1	-1000
5	4	0	-2000

由以上分析知，任一瞬时，对同一相，当上桥臂有一个 SM 被切除时，下桥臂就必须相应有一个 SM 被投入，反之亦然，必须保证有 4 个子模块载投入状态。上下桥臂的开关管的状态有严格的对称性，因此控制策略上也应该是对称的，随着子模块数的增多，其电平数越多，交流侧输出电压越接近于正弦波。

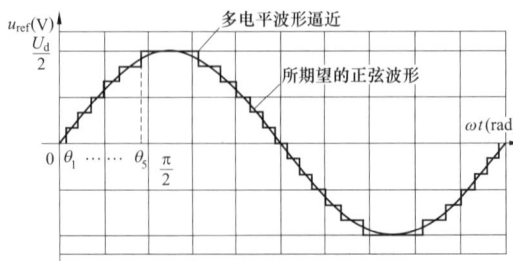

图 2-15 多电平 MMC 电压波形

第 3 章

柔性直流输电换流站主设备

3.1 换流站电气主设备概述

以舟山五端柔性直流输电工程为例，多端柔性直流输电系统主要设备包括电压源换流器、换相电感（可能由相电抗器/阀电抗器、联结变压器或它们的组合来提供）、交流开关设备、直流隔离设备、直流电容（可能包含在换流阀子模块中）、测量系统、控制与保护装置等。根据不同的工程需要，可能还会包括输电线路、交/直流滤波器、平波电抗器、共模抑制电抗器等设备。

换流站是柔性直流输电系统最主要的部分，根据其运行状态可以分为整流站和逆变站，两者的结构可以相同也可以不同。整流站和逆变站根据运行的要求，可以互相转变。

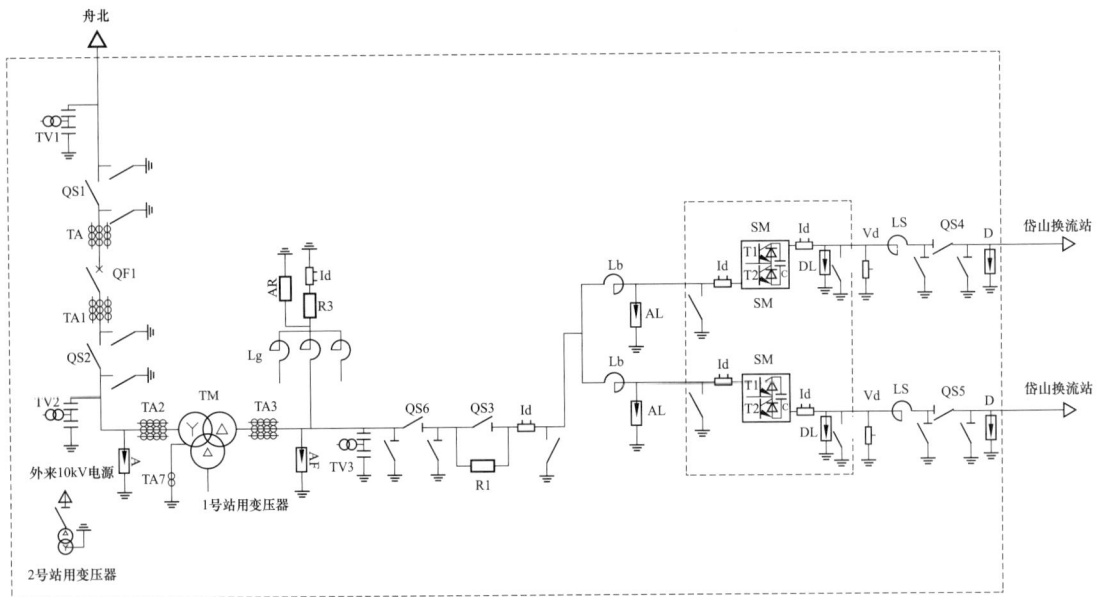

图 3-1 舟定换流站主接线图

TV：电压互感器；Lb：桥臂电抗器；QS：隔离开关；Ls：平波电抗器；
TA：电流互感器；Lg：接地电抗器；TM：联结变压器；A：网侧交流母线避雷器；
R1：启动电阻；AF：阀侧交流母线避雷器；R3：阀侧接地电阻；AL：阀底避雷器；
Id：直流电流测量装置；DL：阀顶避雷器；Vd：直流电压测量装置；D：直流极线避雷器

舟山五端柔性直流输电工程其中一端的舟定换流站主接线如图 3-1 所示。换流站中的主要电气设备及其作用分述如下：

电压源换流器（换流阀）：电压源换流器的作用是通过其中的半导体开关器件，使电能在交流和直流功率之间进行变换。舟山柔直工程目前主要采用模块化多电平拓扑结构。由于采用了具有可关断能力的半导体器件（如 IGBT）和正弦波最近电平调制（NLM）技术，电压源换流器与传统直流输电系统的换流器有着本质区别。

联结变压器：向换流器提供交流功率或从换流器接受交流功率，并且将交流电网侧的电压变换到一个合适的水平。通常采用 Y/△/△ 接法带可调分接头的单相或三相变压器，这样不仅可以提高有功和无功输送能力，还能防止由调制模式引起的零序分量向直流系统传递。

桥臂电抗器：提供换流电抗，决定换流器的功率输送能力，同时也影响有功功率与无功功率的控制，并可抑制换流器输出的电流和电压中的开关频率谐波量和短路电流；根据换流器拓扑结构的不同，电抗器可能安装在换流器交流出口处，也可能串联在换流器的桥臂上。

直流侧电容：为换流站提供电压支撑，兼有抑制直流电压波动、缓冲桥臂开断的冲击电流、减小直流侧的电压谐波等作用；根据换流器拓扑结构的不同，可能跨接在换流器出口的两极之间，也可能分散在换流器阀子模块中。

交流开关设备：将直流侧空载的换流器或换流装置投入到交流电力系统或从其中切除。当换流站主要设备（特别是换流器及联接变压器）发生故障时，如果通过闭锁换流站不能抑制故障发展，可通过它将换流站从交流系统中切除。

直流隔离设备：保证阀厅设备或直流线路检修时有可见断口，利用可见断口隔离电压，使停电设备与带电设备隔离，以保证人身及设备工作安全。

过电压保护装置：保护站内设备（特别是换流器）免受雷电和操作过电压的威胁，包括采用交流避雷器和直流避雷器两种方式。

测量装置：在交流侧采用交流的电压和电流互感器。在直流侧则需用直流电压互感器和直流电流互感器。目前有磁放大型、电放大型和光放大型，光放大型具有很强的抗电磁干扰的能力。

控制装置：根据系统的运行情况，自动改变换流器的调制比和相角，调节直流线路的电压、电流和功率，以满足系统对换流器输出或接受有功功率及无功功率的要求。

继电保护装置：检测换流站内设备和直流线路的故障，并发出故障处理指令。

3.2 换　流　阀

3.2.1 子模块结构组成

换流阀基于模块化多电平换流器拓扑结构，配置灵活、结构合理，针对不同的应用领域，直流换流阀可以有数量不同的换流阀组件构成，以满足不同电压等级和输电容量的需求。其通过模块化设计以及多电平技术，具有较低的谐波畸变，且采用较低的开关频率，降低损耗，提高效率。

换流阀主要实现的功能如下：

1）根据阀控装置下发的触发及控制命令，触发导通子模块相应的 IGBT、晶闸管元件实现功率变换；

2）监视子模块的实时状态，通过光纤与上次阀控装置进行通信；

3）功率模块具备多重保护，有效地保证器件和内部元件的安全。

以舟定站为例，PCS-8100 系列换流阀是南瑞继保电气有限公司基于全控 IGBT 器件新一代的换流阀产品。

本站换流阀由 6 个桥臂组成，每个桥臂换流阀分三个集成式阀塔单元（见图 3-2），每个阀塔单元分四层布置，每层 4 个阀段，每个阀段由 6 个模块构成（阀段配置了 5 个模块，留有 1 个冗余位置、包含 2 个串联散热器）。SM 子模块是组成换流阀的基本单元，子模块由绝缘栅双极晶体管、直流电容晶闸管（SCR）和旁路开关（K）、均压电阻（R）等组成，每个桥臂的子模块数 270 个（包含 20 个冗余），模块采用等电位连接方式，所有金属部件和

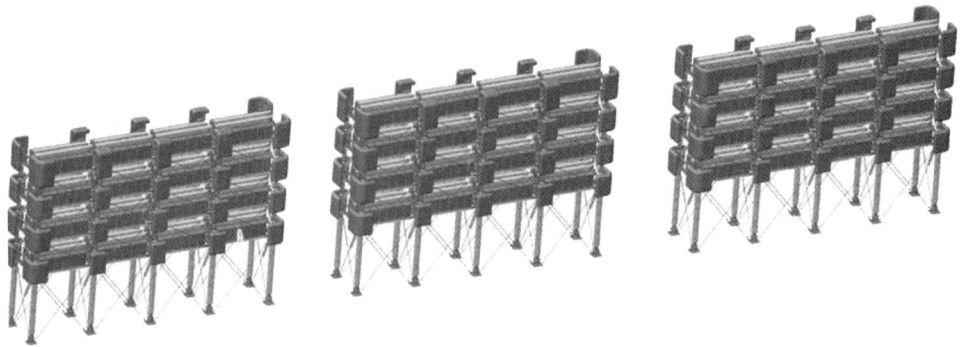

图 3-2 换流阀塔

电容负端连接，冷却方式为水冷，两个水冷 IGBT 水路串联。阀塔结构部件主要包括阀塔框架、阀基绝缘支撑件、层间绝缘支撑件，屏蔽罩和水冷管道等。阀塔通过底座竖立于阀厅地面。为确保换流阀正常运行，阀塔应布置于干燥，低污秒程度，环境可控的室内。室内最高温度＋50℃，最低温度＋10℃，最大相对湿度 55％。阀厅内应呈微正压以减少灰尘的进入。在每个阀模块中，子模块、冷却水管和光纤槽通过紧固件安装在阀模块框架上。阀塔模块的外围是安装在框架上的屏蔽罩。通过使用屏蔽罩可以使阀塔周围的空间电场分布更加均匀。

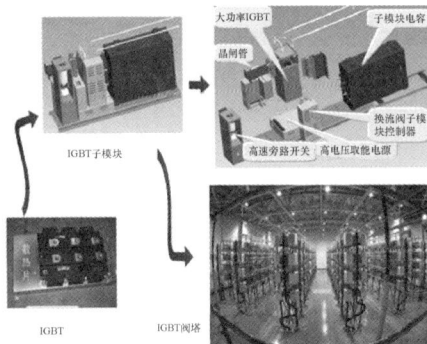

图 3-3 子模块 IGBT 外形图

图 3-4 子模块金属氧化电容外图

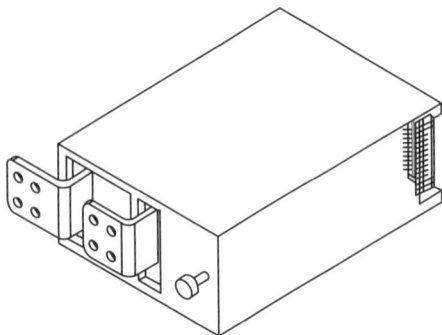

图 3-5 子模块旁路开关外形图

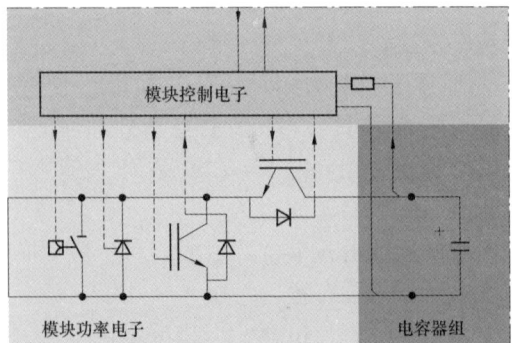

图 3-6 SM 子模块电气示意图

3.2.2　子模块的工作原理

阀塔中部件的电位情况取决于各阀塔投入运行的子模块数量。两个阀塔部件间的电压差为：$N_{sm} * U_{sm}$，其中 N_{sm} 表示阀塔两部件之间投入工作的子模块个数，U_{sm} 表示子模块的电压值。子模块电容两端并联电阻，实现子模块电容电压静态均压功能，另一方面在换流阀停运时提供电容放电通路，放电时间满足 10min 内电压降至 75V 以下，在直流电容电压降至75V 以下（不小于 10min）之前，不允许进行再启动过程。子模块中旁路开关用于实现冗余子模块和故障子模块的快速投切。旁路晶闸管的主要功能是保护子模块 IGBT 开关，晶闸管的通态电阻小于 IGBT 续流二极管的通态电阻，在子模块下管 IGBT 两端并联一个晶闸管，在系统发生直流侧短路故障后，触发导通该晶闸管可以对二极管的故障电流进行分流，从而保护二极管不致损坏。换流阀采用高位自取能模式，子模块的电源输入来自直流电容，在预充电阶段，电容的电压逐步提升，在电压较低时，取能电源可靠闭锁，不输出电压，当直流电容电压高于阈值时，取能电源正常工作，为模块内部的控制电路板（SMC）提供电源，子模块进行自检后正常工作。当子模块发生故障时，控制电路板（SMC）会触发旁路开关，旁路开关设计为机械保持型，此时桥臂电流从旁路开关流过，直流电容将不再被充电，其电压被放电电阻逐步耗尽，取能电源停止工作，旁路开关一直处于闭合保持状态，直至下次检修，在此过程中，所有的故障信息、参数值、动作指令均被记录，上传至阀控系统。

直流双极短路故障发生后，子模块电容迅速放电，桥臂流过较大的故障电流，桥臂电流是交流短路电流和子模块电容器放电电流的叠加，故障时要求换流器立即闭锁并开通晶闸管，同时交流电源跳闸切断交流电流的持续馈入，双极短路发生后需在几个毫秒内闭锁换流阀。换流阀闭锁前，子模块电容器通过上管 IGBT 放电。换流器闭锁后，子模块电容器停止放电，但交流电网短路电流仍通过半桥模块的下管二极管注入短路点，晶闸管旁路后，晶闸管对下管的二极管进行分流，换流晶闸管能够耐受从晶闸管触发导通到交流电源跳闸这段时间内的故障电流。交流电源跳闸通常需要数十毫秒至百十毫秒的动作时间，保证故障过程中换流阀 IGBT、二极管能够耐受短路。

换流阀子模块中 IGBT 功率元件直接贴装在水冷散热板上。系统运行时，冷却水通过冷却水管进入换流阀子模块，循环流过和 IGBT 直接接触的散热器，吸收并带走半导体元件上所散发的热量。换流阀的冷却系统采用"水-空气"二次散热方式，完成对被冷却器件的冷却。

子模块控制单元是阀基控制设备与 SM 单元之间的中间设备，通过其驱动控制 SM 单元上的一次器件同时监测 SM 单元的运行状态。从功能上可以划分为四部分，晶闸管及旁路开关的驱动和状态检测电路、IGBT 的驱动及保护检测电路、子单元控制器 SMC 单元、从储能电容取电并给以上三部分供电的高压取能电源。以上电路部分都是安装在 IGBT 的驱动及保护检测电路、子单元控制器 SMC 单元、从储能电容取电并给以上三部分供电的高压取能电源。以上电路部分都是安装在 SM 单元上的，与一次器件密切联系。SMC 作为 SM 单元的控制核心，需要通过光纤接收 VBC 发送下来的控制命令，并解码收到的控制指令，发给相应的驱动电路。SMC 通过光纤将 IGBT 的触发信号直接发送给驱动板，以驱动 IGBT。IGBT 的驱动板采用了光纤隔离的方式，实现了一二次侧的高低压隔离，SM 单元的控制电路取能来自子模块的电容能量，当子模块电压跌落至取能电源闭锁之前，如果子模块所有器件正常，则 IGBT 触发电路都能正常工作。一旦换流站系统性故障导致取能电源电压跌落至闭锁工况，则 SMC 会在失电之前闭锁给驱动板 IGBT 控制信号，同时 IGBT 驱动板会闭锁驱动输出。当 SM 单元上任何部件出现异常时，SMC 都能检测到相关异常，并通过光纤将 SM 的状态监视信息送给 VBC，VBC 会通过事件将具体模块的故障信息上送给后台。

3.2.3 运行维护

3.2.3.1 故障处理

（1）故障处理规定。

对换流阀进行故障处理更换损坏元件时，必须停运有关的电气回路和水回路，换流阀各侧的接地刀闸必须在合上位置。进入阀塔更换故障子模块时，需要做防静电措施。对换流阀进行故障处理前，必须对换流阀子模块电容进行充分放电。

对换流阀进行故障处理前，必须对换流阀子模块电容进行充分放电。

（2）换流阀子模块故障。

1）汇报并申请进行复归操作。

2）若报警信号复归，说明报警是瞬时故障引起，故障已消除。

3）若报警信号未复归，或短时复归后继续重发，说明报警信号是永久故障引起，则记录该阀故障数量和位置，密切监视直流系统的运行情况。

4）当单阀故障次数达到规定时，应及时申请将直流系统停运进行检修处理。

（3）阀厅着火。

1）立即将直流系统停运。

2）根据火势情况拨打火灾报警电话"119"求援，停运阀厅空调，检查阀厅排烟风机确已关闭。

3）申请将直流系统转检修。

4）迅速组织人员灭火，进入阀厅要佩戴防毒面具并穿防火服。

5）确认火已扑灭后，打开阀厅大门和紧急门，开启阀厅空调和阀厅排烟风机，排除烟雾。

6）阀厅接地闸刀没有合上之前严禁进入检查设备。

7）合上阀厅接地闸刀后必须等待 30min 以上时间方可进入阀厅检查阀上设备。

3.2.3.2 注意事项

（1）换流阀的运行必须具备以下条件：

1）阀厅接地刀闸已全部拉开；

2）阀厅大门已关闭并上锁；

3）阀厅空调系统运行正常；

4）阀水冷系统运行正常；

5）各控制保护均正常投入运行；

6）阀厅火灾报警装置运行正常。

（2）换流阀投运前运行人员应检查阀厅地面，确保无任何遗留物，阀控制单元 VBC、接口屏及相应的控制保护系统必须全部投入运行。

（3）投运前检查 VBC 阀控单元控制柜各个空气开关在合上位置。

（4）换流阀投运时，阀厅大门必须关闭并上锁，只有直流系统转检修后方可进入阀厅。

（5）当换流阀出现子模块单元故障信号时，运行人员应加强设备巡视，当换流阀每个桥臂子模块故障数达到上限值，应立即申请停运直流系统。

（6）换流阀正常运行时，冷却水进阀温度、出阀温度不得超过规定值，内冷水电导率不得超过规定值。

（7）换流阀停运时，要防止阀外风冷空气冷却器管束中的水冻结。

（8）换流阀投运后，每年应对所有阀塔中的子模块进行外观检查、电气检查。

（9）换流阀子模块故障数量每增加 1 个，需对故障子模块冗余数量进行核对，并做好记录。

（10）红外热像检测：

值班人员应定期对视频图像监控系统进行查看，检查换流阀阀厅内设备无异常现象。每班对换流阀阀厅红外成像测温数据进行抄录，一般不少于 3 次。遇到大负荷，高温天气、检修结束送电等情况，应加大测温频次。

3.3 联结变压器

3.3.1 工作原理

联结变压器和普通变压器原理类似，都是利用电磁感应的原理来进行电能的传输，图 3-7 给出了两绕组变压器工作的原理图。

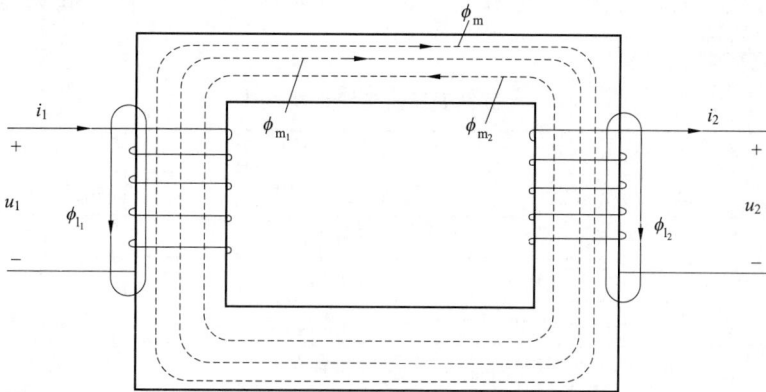

图 3-7 两绕组变压器磁通模型图

ϕ_{m_1}、ϕ_{m_2}—分别为一、二次绕组在磁芯中引起的相互相链的磁通；

ϕ_{l_1}、ϕ_{l_2}—分别为一、二次绕组的漏磁通；ϕ_m——一、二次绕组链接后的等效磁通或称等效互感磁通

则互感磁通

$$\phi_m = \phi_{m_1} - \phi_{m_2}$$

在一、二次绕组上产生电压的磁通分别为

$$\phi_1 = \phi_m + \phi_{l_1}$$

$$\phi_2 = \phi_m + \phi_{l_2}$$

原副边产生的磁动势

$$\phi_{m_1} R = N_1 i_1$$

$$\phi_{m_2} R = N_2 i_2$$

式中：R 是变压器的磁阻；N_1、N_2 分别为一、二次绕组的匝数。

一、二次侧的电压分别为

$$v_1 = N_1 \frac{\mathrm{d}\phi_1}{\mathrm{d}t}$$

$$v_2 = N_2 \frac{\mathrm{d}\phi_2}{\mathrm{d}t}$$

一般的变压器我们都可以认为是理想的变压器，即忽略变压器两绕组之间的漏感，在理想的情况下，变压器原副边电压的变比即为变压器绕组线圈匝数比。

双绕组联结变压器一、二次侧均只有一个绕组，而三绕组联结变压器一次侧有一个绕组，二次侧有两个绕组。

联结变压器按总体结构分为三相三绕组式、三相双绕组式、单相双绕组式和单相三绕组式。在实际的应用中，采用何种结构型式的联结变压器，应根据联结变压器交流侧及直流侧的系统电压的要求、变压器的容量、运输条件以及换流站布置要求等因素来确定。

以舟定站为例，舟定换流站的联结变压器采用保定天威保变电气股份有限公司的三相油浸式有载调压换流变压器，型号为：ZZSFSZ-K-450000/220，绕组接线组别为YN，d11，d11，高压侧带有载调压装置，联结变压器采用 ONAN/ONAF（70%/100%）冷却方式，对应方式下分别可带 70%/100% 额定负载运行。额定容量比：450/450/150MVA，见表 3-1。

表 3-1 联结变压器铭牌参数

产品型号	ZZSFSZ-K-450000/220		产品代号	188.715.775.1
相数	三相三绕组		出厂序号	AZ201310Z35
额定频率	50Hz		标准代号	GB1094
额定容量	450/450/150MVA		使用条件	户外式
额定电压	230×1.25%/205.1/10.5kV		联结组标号	YNd11d11
额定电流	1 266.7A/8 247.9A		冷却方式	自冷
绝缘水平	高压线路端子 LI/AC	950/395kV		
	高压中性点端子 LI/AC	185/85kV		
	中压线路端子 SI/LI/AC/DC（100ms）	750/950/395/200kV		
	低压线路端子 LI/AC	85/40kV		
油重	113.2t		器身重	249t
充氮运输重	299t		总重	478t
产地	克拉玛依		变压器油牌号	DB-45
绝缘油厂家/型号/油基			克拉玛依炼油厂/25 号联结变压器油/环烷基	

3.3.2 运行维护

3.3.2.1 联结变压器附件概述及运行注意事项

3.3.2.1.1 有载分接开关

（1）概述。

有载分接开关电动机构有级进控制（即完成一档操作后能自动精确停车的控制）、安全保护（如紧急停车及连续换挡保护、相序保护、极限位置保护、手动操作保护）等功能。空气开关（Q1）为有载调压电机电源。

远方/就地转换开关正常应为远方位置，运行人员根据调度命令在监控后台机进行调压操作。当监控后台机调压失灵时，运行人员汇报有关调度后可在有载分接开关控制面板上将远方/就地转换开关切至 LOC 就地位置，然后再通过手动升降开关进行就地电动调档操作。严禁带电就地通过手摇把进行调压操作。

有载分接开关控制面板上部布置有醒目的指示区，指示数据和指示器分述如下：

1）机械式操作计数器：显示电动机构已进行的总操作次数。

2）位置指示器，显示电动机构和有载分接开关的分接位置。

3）两个拖针：表示已经到达过的电压范围。

4）分接变换指示器，显示控制凸轮的当前位置（一次分接操作分 33 格）。

5）有载分接开关箱内有加热面板，由自动控制器控制箱内温度在恒定的数值上，运行过程中需注意观察温度不能太高。

（2）分接开关的运行及注意事项。

1）有载分接开关的调节方式：

a）手动调节：联结变压器运行情况下不宜采用；

b）就地电动操作方式：只适用于检修时操作；

c）远动操作方式：当系统电压异常时，根据调度及无功电压运行要求进行操作。

2）有载分接开关运行维护：

a）运行 6～12 个月或切换 2000～4000 次后，应对切换开关箱中的绝缘油进行油样试验；

b）新投入的分接开关，在投运后 1～2 年或切换 5000 次后，应将切换开关吊出检查，此后可按实际情况确定检查周期；

c）运行中的有载分接开关切换 5000～10000 次后或绝缘油的击穿电压低于 25kV 时，应更换切换开关箱中绝缘油；

d）操作机构应经常保持良好状态。

3）有载分接开关运行规定。

a）当联结变压器过负荷运行或系统有短路故障时，不得进行调压操作，允许在 85% 联结变压器额定负荷电流及以下的情况下进行分接变换操作。

b）正常情况下，一般使用远方电气控制。电动操作时，位置指示有变化，而电压表指示不变，则说明机构未动作，应立即停止操作，切断操作电源，等待检查。

3.3.2.1.2 气体继电器

气体继电器安装在联结变压器油箱和储油柜之间的连接管路中。气体取样器用于采集气体继电器中的气体和排除联结变压器内部故障产生的气体，它安装在联结变压器的侧壁上。

本体气体继电器接信号和跳闸回路，有载开关气体继电器接跳闸回路。本体和有载开关各装一个气体继电器。本体另装有一个气体取样器。保护继电器用于当切换开关油室或选择开关油室内发生故障时保护有载分接开关和联结变压器。一旦发生故障，导致本体油箱或有载开关油箱和储油柜之间的油流速度超过规定值时，流动的油驱动挡板倒到"OFF"位置，从而干弹簧接点被驱动，断路器跳闸，联结变压器被切除。

3.3.2.1.3　压力释放阀

联结变压器压力释放阀本体装有两只，有载开关一只，用于联结变压器内部压力达到预定限值时，能快速地释放大量气体和绝缘油，三个压力释放均接信号回路。

3.3.2.1.4　在线滤油机

（1）在线滤油机概述。

在线滤油机用于净化分接开关油室中的开关油。分接开关油室里的绝缘油会因频繁的开关变换所引起的电弧而产生的游离碳和各种固体颗粒而污染。此外，绝缘油还会吸收水分，随着绝缘油中含水量的增加会导致油耐压性能的降低，开关的接触性能下降。油中污染不断增加，会使绝缘油的消弧能力不断下降。

工作方式分别是定时滤油方式和联动滤油方式。定时滤油方式按设定的启停时间每天自动进行滤油，联动滤油方式由分接开关切换信号启动滤油机。

（2）在线滤油机运行及注意事项。在线滤油机在投入运行前，必须检查确认：

1）电源已接通，在线滤油电机电源开关已合上，电源指示灯亮；

2）试验手动启停功能；

3）试验工作方式切换功能；

4）试验定时启动功能；

5）试验联动启动功能；

6）试验复位功能。

以上各项功能调试正常后，用手动方式开启动净油机试运行0.5h；试运行后观察各接头是否有漏油现象。

在线滤油机在投入使用后，运行人员应定期检查：

1）在线滤油机投运后24h，应进行一次检查；如发现油渗漏现象，用手动按钮关闭净油机，并关闭所有阀门。

2）定期打开机箱门，检查内部有无渗漏、电源指示灯是否亮，滤油机运行时压力表读数是否正常。

3）运行压力表读数是否正常；压力表指示值应为0.1MPa左右。

4）定期进行有载分接开关油样分析。

3.3.2.1.5　温度计

联结变压器一般装有3只油温度计，分别取自不同采样点，其中1只用来监视联结变压器绕组温度，其他2只监视电力联结变压器的上层油的温度。运行人员应检查两只温度表计指示油温应基本相同。另外，温度表配有红色可复位的最大读数指针。

3.3.2.1.6　散热片及集油管

当联结变压器运行时铁芯和绕组损耗产生的热量，使油箱内部的油受热而向上流动，并沿油箱壁集油管以及散热片形成向下流动，在油的对流过程中，热量通过散热片向周围空气散发。

散热片安装在联结变压器的两面，共 2 组，每 14 只散热片为一组，每组通过蝶阀和上下两根集油管与本体油箱相连。

3.3.2.1.7　联结变压器套管

（1）油纸电容式联结变压器套管（220kV）。

油纸电容式联结变压器套管由油枕、瓷套、法兰及电容芯子连接组成。

套管的头部油枕上设有油位指针位置可以指示油位变换，对于使用中的套管应注意油枕内油位的变化（MAX、MIN）位置。

瓷套为外绝缘，同时还作为保护主绝缘的容器。

套管的中间设有供安装连接用的法兰，法兰上设有供联结变压器注油时放出联结变压器上部空气的放气塞及测量套管 $\tan.\delta$ 的测量引线装置。

主绝缘电容芯子是由绝缘油和铝箔电极在导电管上卷绕而成的同心圆柱型串联电容器，用以均匀电场。经真空干燥，浸油处理后成为电气性能极高的油纸绝缘体。

套管采用全密封金属结构，其内部充以经特殊处理的优质的联结变压器油，套管的电容芯子完全不与大气相通。可以避免阳光的照射和大气中的有害物浸入套管内部，而使绝缘老化。所有的连接件不受气候影响。

（2）充油法兰式无局放联结变压器套管（10kV）。

充油法兰式无局放联结变压器套管主要由接线板、瓷件、导电杆、铸铝合金法兰等组成，主绝缘由瓷套和油隙组成，属不易击穿型，基本免维护；导电杆与瓷套之间采用双道密封结构。

3.3.2.2　联结变压器的日常运行

（1）联结变压器的正常运行。

1）联结变压器在规定的冷却条件下可按铭牌规定运行；

2）联结变压器上层油温最高不得超过 95℃，不得长期超过 85℃，温升不得超过 55℃。联结变的外加一次电压不得超过相应分接头电压值的 5%，则联结变的一次侧可带额定电流运行；

3）联结变压器三相负载不平衡时，应监视最大一相的电流。

（2）负载状态的分类。

正常周期性负载：在周期性负载中，某段时间环境温度较高，或超过额定电流，但可以由其他时间内环境温度较低，或低于额定电流所补偿。

长期急救周期性负载：要求联结变压器长时间在环境温度较高，或超过额定电流下运行。这种运行方式可能持续几星期或几个月，将导致联结变压器的老化加速，但不直接危及绝缘的安全。

短期急救负载：要求联结变压器短时间大幅度超额定电流运行。这种负载可能导致绕组热点温度达到危险的程度，使绝缘强度暂时下降。

（3）正常周期性负载的运行。

1）联结变压器在额定使用条件下，全年可按额定电流运行。

2）联结变压器允许在平均相对老化率小于或等于 1 的情况下，周期性地超额定电流运行。

3）当联结变压器有较严重的缺陷（如严重漏油、有局部过热现象、油中溶解气体分析结果异常等）或绝缘有弱点时，不宜超额定电流运行。

（4）长期急救周期性负载的运行。

1）长期急救周期性负载下运行时，将在不同程度上缩短联结变压器的寿命，应尽量减少出现这种运行方式的机会；必须采用时，应尽量缩短超额定电流运行的时间，降低超额定电流的倍数。

2）当联结变压器有较严重的缺陷（如严重漏油，有局部过热现象，油中溶解气体分析结果异常等）或绝缘有弱点时，不宜超额定电流运行。

3）在长期急救周期性负载下运行期间，应有负载电流记录，并计算该运行期间的平均相对老化率。

（5）短期急救负载的运行。

1）短期急救负载下运行，相对老化率远大于1，绕组热点温度可能达到危险程度。在出现这种情况时，应马上汇报调度，并尽量压缩负载、减少时间，一般不超过0.5h。当联结变压器有严重缺陷或绝缘有弱点时，不宜超额定电流运行。

2）短期急救性负载运行期间，运行人员应有详细的负载电流记录。

联结变压器短期急救性负载允许时间和允许值按夏季40℃考虑；时间一般应严格控制在30分钟内。换流联结变压器的过负荷限额数值、联结变压器高压侧过电流保护值，其中过负荷保护限额和过电流保护值由调度提供。

（6）联结变压器过负荷运行。

联结变压器在正常过负荷和事故过负荷情况下，应遵守如下规定：

1）运行人员应立即报告调度及工区，以采取调整负荷措施，并记录过负荷的时间、电流；

2）联结变压器全天满负荷运行时不宜过负荷运行；

3）联结变压器存在较大缺陷（如严重漏油，色谱分析异常等）时不准过负荷运行；

4）联结变压器正常过负荷的允许值应根据联结变压器的负荷曲线，冷却介质温度以及过负荷前联结变压器所带负荷等来确定，其最大允许值不得超过额定负荷的1.3倍。

3.3.2.3 联结变压器的操作注意事项

（1）联结变压器在投入运行前，值班人员必须仔细检查，确认联结变压器在完好状态，所有安全措施全部拆除，工作票全部收回，具备投运条件；并注意外部有无异物，临时接地线是否已拆除，分接开关位置是否正确，各阀门开闭是否正确。

（2）联结变压器在合闸送电前，应先检查联结变保护装置正常并投入全部保护装置。

（3）联结变压器合闸送电时，一般应按高压侧、换流阀侧、站用变侧的顺序进行。停役时换流阀侧、站用变侧、高压侧。

（4）联结变压器的分、合闸必须使用断路器进行，严禁用隔离开关代替。

（5）联结变压器在新投运或更换线圈后有条件应进行零起升压试验，在额定电压下冲击合闸3～5次，并必须进行核定相位。

（6）有载调压联结变压器送电前应检查电压分接头位置是否在调度规定位置。瓦斯保护和差动保护是联结变压器的主保护，正常情况下重瓦斯及差动保护必须投跳闸，轻瓦斯发信号。

（7）联结变压器有载分接开关的操作，应遵守调度许可和规定。

（8）瓦斯保护和差动保护是联结变压器的主保护，运行中的联结变压器瓦斯保护和联结变压器差动保护不得同时停用。

（9）联结变压器 220kV 侧为 GIS 断路器，阀侧无断路器，对联结变压器充电等同于换流阀充电，充电时，要注意联结变压器 220kV 侧接地刀闸、联结变压器阀侧接地刀闸、换流阀交流侧接地刀闸、换流阀直流侧接地刀闸在拉开位置。

3.3.2.4 联结变压器巡视检查项目

（1）联结变压器日常巡视一般检查。

1）油枕、套管、分接开关油位、油色均正常，无渗漏油现象；

2）无破损裂纹，无放电痕迹及其他异常现象；

3）联结变压器音响正常，本体无渗漏油，硅胶干燥；

4）散热器无渗漏油，风扇运行正常；

5）瓦斯继电器内无气体，应充满油并无渗漏；

6）上层油温及温度计指示正常；

7）防爆管隔膜完整、无裂纹无渗漏油现象；

8）各引线接头母线桥无发热现象；

9）外壳接地良好，基础无倾斜，下沉现象。

（2）有载分接开关日常巡视一般检查项目。

1）电压指示应在规定电压偏差范围内。

2）控制器电源指示灯显示正常。

3）分接位置指示器应指示正确。

4）分接开关储油柜的油位、油色、吸湿器及其干燥剂均应正常。

5）分接开关及其附件各部位应无渗漏油。

6）计数器动作正常，及时记录分接变换次数。

7）电动机构箱内部应清洁，润滑油位正常，机构箱门关闭严密，防潮、防尘、防小动物密封良好。

8）分接开关加热器应完好，并按要求及时投切。

（3）在线滤油机日常巡视一般检查项目。

1）在线滤油机及其管道附件各部位应无渗漏油。

2）在线滤油机压力表指示应为零。

3）在线滤油机控制器电源指示灯显示正常。

4）在线滤油机根据公司规定打至手动或自动位置。

5）计数器动作正常，及时记录动作次数。

（4）联结变压器特殊巡视项目

1）过负荷：监视负荷，油温和油位的变化，接头接触良好无发热现象（用红外测温仪测量不大于 70℃）。

2）事故跳闸后：检查联结变压器本体所有设备及接头有无异常。

3）大风天气：联结变压器各室门是否正常关闭，大风对室内联结变压器等其他设备运行是否有影响。

4）雷雨天气：避雷器监测仪、放电记录器动作情况。

5）大雾天气：套管有无放电打火现象，重点监视污秽瓷质部分。

6）下雪天气：套管有无放电闪络现象，检查接头发热部位。

7）高温天气：油温、油位、油色和冷却器运行是否正常。

8）新设备或经过检修、改造的联结变压器在投运72h内及有严重缺陷时。

（5）联结变压器每月定期检查项目。

1）外壳及箱沿应无异常发热（用手触摸）。

2）各部位的接地应完好。

3）各种标志应齐全明显。

4）各种保护装置应齐全、良好。

5）各种温度计应在检定周期内，超温信号应正确可靠。

6）消防设施应齐全完好。

7）储油池和排油设施应保持良好状态。

3.3.2.5 联结变压器的检修和验收

（1）联结变压器的检修周期。

1）大修周期：投运5年内和以后每隔10年大修一次；

2）小修周期：每年至少一次；

3）预防性试验周期：每年一次；

4）油简化试验：本体一年四次，有载调压开关一年四次；

5）油色谱分析投运前、投运3天、10天、一个月各做一次，无异常转为定期检测，三个月一次。

（2）联结变压器检修后的验收。

1）检修后的联结变在按正常巡视检查外，还应检查。

2）所有安全措施（接地线、警告牌、临时遮栏等）全部拆除，常设遮栏、警告牌已恢复，工作票已收回，外壳上已无任何工具材料等遗留物；同时应查清联结变内部无遗留物。

3）检修试验项目、数据均符合有关规定，有关记录，报告齐全，无遗留项目，各项目均具备带电运行条件。

4）所有动过的二次接线已恢复。

5）保护、控制及信号等回路传动试验正常。

6）缺陷处理情况已交底，无影响运行的严重缺陷存在。

7）分接开关，各油回路阀门位置符合运行要求。

8）瓦斯继电器内无气体，无瓦斯动作信号，可能储气部位，用放气塞放气已无存气。

9）电气连接头接触良好，中性点、铁芯、外壳接地良好。

10）外壳油漆及引线的各相相色均完好。

11）电压分接头位置是否在规定位置，并三相一致；电压分接头位置的判断：分接头箭头部位所指的档位数值表示分接头的档位数。

12）净油器及其他油保护装置的工作状态应正常。

13）联结变压器上无工具，材料和杂物遗留。

3.3.2.6 联结变压器的异常运行和事故处理

联结变压器在运行中发现有任何不正常现象时（漏油、油位过高或过低，温度异常，音响不正常），应尽快设法消除。并即汇报调度及领导，将异常运行情况记录在 PSMS，在异常运行期间必须加强监视。

（1）联结变压器有下列情况之一者应立即停止运行：

1）联结变压器内部音响很大，很不正常，有爆炸声。

2）在正常负荷和冷却条件下，温度高出 10℃ 以上或不断上升（联结变压器内部故障引起）。

3）释放器动作向外溢油。

4）油色变化过甚，油内出现碳质等。

5）严重漏油使油面下降，低于油位计的指示限度。

6）套管有严重的破损和放电现象。

7）联结变压器着火。

8）瓦斯气体经分析确系联结变压器内部故障。

（2）联结变压器的事故处理。

1）轻瓦斯发信时处理。

值班人员必须立即检查瓦斯信号动作原因，轻瓦斯动作发信后，值班人员应首先复归信号，并观察瓦斯继电器动作的次数，间隔时间的长短，气量的多少，检查气体的性质，从颜色、气体、可燃性等方面判断联结变压器是否发生内部故障。

2）重瓦斯动作的处理。

联结变压器因重瓦斯保护动作跳闸，未经检查不许立即强送，值班人员应立即报告调度，并迅速查明保护动作原因并做记录。经检查故障时联结变压器音响正常，电流，电压无波动，差动保护未动作；释压器无动作，无任何喷油溢油现象，收集到气体或收到的气体无色、无臭不可燃；瓦斯保护的信号掉牌能复归，可判断为瓦斯保护误动作，可以试送一次；试送不成功则不得再送电而应将联结变压器改检修，等待处理。联结变压器的瓦斯保护和差动保护同时动作跳闸，未查明原因和消除故障之前不得送电。经检查后确认为联结变内部故障所引起，将联结变压器改检修，等待处理并记录缺陷，汇报相关领导。

3）联结变压器差动（交流过流、联结变压器零序、交流系统零序）保护动作的处理。

联结变压器的差动（交流过流、联结变零序、交流系统零序）保护动作跳闸，未经检查不许立即强送，值班人员应立即报告调度，并迅速查明保护动作原因。经检查后确认为是联结变压器差动（交流过流、联结变零序、交流系统零序）保护区内设备内设备故障引起，则将联结变压器改检修（冷备用），等待处理并记录缺陷。汇报相关领导。

4）联结变压器着火处理。

应立即切断各侧断路器、隔离开关隔离故障点，拉开有载调压电机及控制电源，然后迅速按泡沫喷淋使用步骤开启泡沫喷淋装置灭火。如保护拒动，未能将各侧断路器跳闸，值班人员可不经调度同意拉开拒跳断路器，隔离电源。

若油溢在联结变压器顶盖上而着火时，则应打开下部放油阀放油，使油面低于着火处，若联结变压器内部引起着火时，则不能放油，以防联结变发生严重爆炸。同时拨打 119 通知消防队；现场做好引导消防车辆到火灾地点，汇报各级调度、相关领导（处理时应根据《柔直火灾事故应急处理预案》处理)。

5) 联结变压器油温过高处理。

"联结变油温高"报警并不断上升或超过85℃时,当值人员应即汇报调度并做记录,尽快判别原因,采取办法使其降低。

a) 检查联结变压器的负荷和冷却介质温度下应有的油温核对。

b) 核对温度表是否准确正常。

c) 根据这些情况进行综合分析,采取调减联结变压器的负荷至相应的容量,并加强监视,通知检修人员处理。如发现油温较平时同一负荷和冷却温度下高出10℃以上,或联结变压器负荷不变,油温不断上升,并检查冷却器及温度计正常,则认为联结变内部故障,应停用联结变压器。

6) 直流保护动作闭锁换流阀,且交流进线220kV断路器跳闸处理。

值班人员应检查联结变压器及换流阀及所有直流设备有无明显故障,若检查设备后确属直流保护范围(联结变压器阀侧至直流电缆区域)故障,直流保护动作所引起,打开直流侧隔离开关,退出包括联结变压器在内的所有直流设备,汇报各级调度、相关领导。

3.3.2.7 联结变压器的缺陷分类

(1) 渗油缺陷。

如渗油频率超过3min/滴或充油套管油位不见等情况时定为紧急缺陷。

对于地面油面积较大且油位已明显低于正常值时,应定为重要缺陷,其他渗油缺陷定为一般缺陷。

(2) 发热缺陷。

如采取措施后仍超过规定按紧急缺陷定性。

(3) 操作障碍缺陷。

如运行中出现故障,造成电动、手动均不能操作,应定为紧急缺陷。如操作中出现滑档等缺陷,造成电动不能操作,但手动尚可操作的缺陷,应定为一般缺陷,个别非重要档位之间不能切换定重要缺陷。

3.4 电 抗 器

3.4.1 分类及作用

3.4.1.1 平波电抗器的主要作用

1) 平波电抗器能在换流站直流侧起到滤波作用。

2) 防止由直流线路或换流站所发生的陡波冲击波进入阀厅,从而使换流阀免于遭受过电压应力而损坏。

3) 能平滑直流电流中的纹波,能避免在低直流功率传输时电流的断续。

4) 平波电抗器通过限制由快速电压变化所引起的电流变化率来降低换相失败率。

3.4.1.2 平波电抗器的分类

(1) 油浸式平波电抗器:

1) 油纸绝缘系统成熟,运行可靠。

2）安装于地面，抗震性能好。

3）采用干式套管传入阀厅，解决了水平穿墙套管不均匀湿闪的问题。

（2）干式平波电抗器：

1）对地绝缘简单，运行可靠。

2）无油，消除了火灾危险和环境影响。

3）潮流反转时无临界介质场强。

4）噪声低、质量轻，易于运输。

5）无辅助系统，运行、维护费用低。

3.4.1.3 桥臂电抗器

桥臂电抗器是电压源换流站的一个重要部分，它是主要的换相电抗设备，换流器也是通过桥臂电抗器实现有功和无功的控制。桥臂电抗器的参数选取对换流器工作区间有着重要影响。它是VSC与交流系统之间传输功率的纽带，它决定换流器的功率输送能力、有功功率与无功功率的控制。同时，换流电抗器能抑制换流器输出的电流和电压中的开关频率谐波量。

舟山工程的换流器为三相六桥臂结构，共有 6 个桥臂电抗器，分为正极桥臂电抗器与负极桥臂电抗器分别串联方式接入系统。

主要作用：①限制短路电流；②提供换流电抗，决定换流器的功率输送能力，同时也影响有功功率与无功功率的控制；③抑制换流器输出的电流和电压中的开关频率谐波量；④抑制桥臂间的环流。

3.4.1.4 接地电抗器

接地电抗器并联交流网侧母线上，一般接成星形接线，并在其中性点经一小电阻器接地。它在柔直系统中的主要作用：①为系统提供参考地电位；②在系统发生短路故障时，起到限制短路电流的作用。

舟山柔直工程所用电抗器均为干式空心电抗器。

3.4.2 运行维护

3.4.2.1 日常巡视检查

（1）检查运行中电抗器无任何异常放电声。

（2）检查电抗器室通风良好，电抗器本体清洁无灰尘。

（3）检查紧固部件、连接部件是否松动，导电零部件及其他零部件有无生锈、腐蚀的痕迹。

（4）检查电抗器绝缘表面有无爬电和炭化现场，如有应进行及时的处理。过负荷运行时，绕组温度报警值，应加强巡视；如温度有上升趋势，则应当停止过负荷。过负荷运行期间，应对电抗器及其套管、接头，加强监视；接头不得过热。

（5）二次端子箱门关严，各部标志齐全。

（6）对于下列情况应进行特巡：

1）新投入或检修改造的电抗器在投运的 72h 内；

2）气象突变（如大风、大雾、冰雹等），高温季节，雷雨季节特别是雷雨过后；

3）电抗器有严重缺陷或经受短路事故冲击后电抗器过负荷运行。

3.4.2.2 事故处理

（1）电抗器运行中发现下列现象，若相应直流极未闭锁，应立即闭锁。

1）电抗器本体破裂；

2）套管闪络并炸裂；

3）电抗器内部声音异常，很不均匀，且有明显的放电声；

4）电抗器着火。

（2）电抗器运行中发现下列现象，应联系调度处理：

1）内部声音异常且不均匀；

2）套管有裂纹并有放电痕迹。

（3）电抗器保护跳闸：

1）对故障电抗器进行外观检查；

2）对保护动作情况和报警信号进行分析判断，确定是电抗器主设备故障；

3）如果一次设备有明显的故障点，则将电抗器转检修，通知相关人员处理。

（4）电抗器着火：

1）检查换流阀极已停运，若未停运，应立即手动按紧急停运按钮；

2）若消防系统不能启动，拨打 119 报警，组织人员灭火；

3）汇报调度及上级领导；

4）电抗器火扑灭后，将其隔离，做好安全措施，联系检修处理。

3.4.2.3　运行注意事项

（1）电抗器在检修后送电前，必须具备下列条件：

1）收回有关工作票，拆除全部安全措施；

2）现场清洁无杂物，一次设备上无遗留物；

3）保护、操作、测量装置工作正常试运行 60min 无异常后电抗器可投入正式运行。

（2）在通常情况下，电抗器长期运行电压最好为额定电压。

（3）为了保证电抗器能正常运行，需对他进行定期检查和维护。

（4）保证空气流通，及时清除设备上的灰尘。

（5）对于无外壳的电抗器在运行之前，应在电抗器周围 1.5m 以外安装隔离遮拦以避免人或物的意外事故发生。

（6）电抗器投入运行以后，绝对禁止触摸电抗器主体。电抗器在系统最高电压下连续运行时间不得超过 3h。

3.5　启　动　电　阻

3.5.1　工作原理

为了保证换流阀及其他一次设备的安全，柔性直流输电系统启动时需限制启动电流；充电电流不超过额定电流的 50%，同时应对充电时间进行限制。各站启动电阻器采用大功率及高压电阻的电阻器。

启动电阻工作原理如下：采用 MMC 结构的换流阀，在系统启动之前，各子模块电压为零，换流阀中 IGBT 处于关断状态，并且 IGBT 缺少触发所需能量不能开通。并且，在 MMC 启动之初，只能通过各子模块 IGBT 上的反并联二极管对电容充电。MMC 电容充电电路如图 3-8 所示。

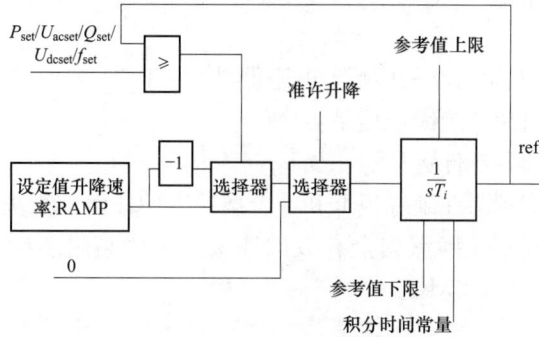

图 3-8 MMC 电容充电电路

在 MMC 启动时，合闸瞬间会产生较大的电流冲击。当电容电压为零时，初始的合闸冲击电流最大，同时当 AB 线电压达到峰值时合闸，冲击电流是最大的，可以认为接近于换流阀出口三相短路电流，由于充电电阻很大，因此一般可以忽略桥臂电抗及系统阻抗的影响。

在柔性直流输电系统的启动过程中，需要加装一个缓冲电路。通常考虑在主回路上并联一个启动电阻，这个电阻可以降低电容的充电电流，减小柔性直流系统上电时对交流系统造成的扰动和对换流阀上二极管的应力。具体的电路示意如图 3-9 所示。

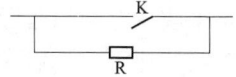

图 3-9 启动电阻

当系统进行启动时，隔离开关 K 分开，启动电阻串入直流系统主回路对换流阀充电，经过一定的延迟时间后（目前设置为 90s），阀充电完成，VBC 返回 VBC_OK 信号，此时再合上隔离开关 K，此时电阻就被旁路掉了，直流充电过程结束。

启动电阻结构如图 3-10 所示。站内启动电阻器为分相设备，站内共有三台启动电阻，分别对应 A、B、C 三相，启动电阻内部采用串联的形式，以满足系统对其要求。

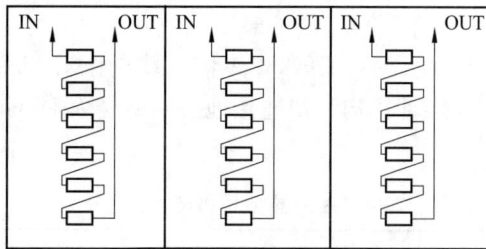

图 3-10 启动电阻结构形式

3.5.2 运行维护

（1）运行注意事项。

1）测量电阻排阻值并检查电阻排是否在运输中被破坏。

2）检查绝缘子是否损坏。

3）用绝缘电阻测试仪测试绝缘子绝缘电阻（干燥环境下大于 100MΩ）。

4）对电阻器进行检查时，看外观有否损伤，触头接触是否良好。

5）检查结构是否牢固，接线是否牢固，并检查接地系统是否良好。

6）通电前请确认电阻的总阻值及绝缘，使用 1kV 的兆欧表（干燥环境下大于 100MΩ）。

（2）巡视检查项目。

1）每 6～8 个月或当发生启动故障后，电阻器必须要检查；

2）先用肉眼检查电阻片和绝缘连接是否完好；

3）换掉所有已损坏的零部件；

4）用气枪、布或毛刷剔除在绝缘板上和在金属片上的任何堆积灰尘；

5）检查所有的电气连接，确保安全有效的连接用一伏高阻表检查电阻器的绝缘水平，以及接地的绝缘电阻应大于 100MΩ。

3.6　断路器设备

3.6.1　工作原理

断路器在电力系统中起着两方面的作用：控制作用和保护作用。通过控制断路器的开合状态来改变电网的运行方式，当电网出现故障时，继电保护装置通过发出跳闸信号作用于断路器，快速将故障切除，保证电网无故障的部分正常运行，保证设备的安全和电网的稳定。

断路器一般由触头系统、灭弧系统、操作机构、脱扣器、外壳等构成。当短路时，大电流（一般 10～12 倍）产生的磁场克服反力弹簧，脱扣器拉动操作机构动作，开关瞬时跳闸。当过载时，电流变大，发热量加剧，双金属片变形到一定程度推动机构动作（电流越大，动作时间越短）。

舟山五端柔直输电工程中，五站交流线路部分均采用了 GIS 组合电器形式（以舟定站为例）：

舟定换流站 220kV 交流线路部分采用 GIS 组合电器形式。220kV 断路器为三相分相式，并充分利用 SF$_6$ 气体优异的灭弧和绝缘性能。GIS 断路器结构简单，具有开断能力强，操动平稳等许多优点。

断路器两侧隔离开关型号为 GWG17-252（Ⅱ）型采用 CJA1 操动机构，接地刀闸型号为 JWG13-252 型采用 CJA6 操动机构，快速接地刀闸型号为 JWG14-252 型采用 CTA3 电动弹簧操动机构。

表 3-2　　　　　　　　　　　220kV 断路器型号和技术参数

生产型号	LW24-252/T4000.50〔G〕	辅助回路额定电压	AC 220V
额定电压	252kV	额定分、合闸控制电压	DC 110V
额定电流	3150A	额定气体压力（20℃）	0.6MPa
额定短路开断电流	50kA	额定气体报警压力（20℃）	0.55MPa
额定雷电冲击耐受电压	950kV	额定气体闭锁压力（20℃）	0.5MPa
额定操作顺序	O-0.3S-CO-180S-CO	SF$_6$ 气体质量	150kg
出厂编号	836	投运日期	2014.6
生产日期	2013.11		
西安西电开关电气有限公司			

表 3-3   220kV GIS 气室分布

间隔名称	1 号气室	2 号气室	3 号气室	4 号气室	5 号气室	6 号气室	7 号气室
220kV 线路	线路侧避雷器	线路侧电压互感器	线路接地刀闸、线路侧三工位隔离开关	定云 2R38 线开关及两侧电流互感器	联结变线路侧接地刀闸、联结变线路侧三工位隔离开关	联结变压器线路侧电压互感器	联结变压器线路侧避雷器

各气室 SF_6 气体压力（表压 20℃）：

1) 断路器气室：额定压力 0.6MPa，报警压力 0.55MPa，闭锁压力 0.5MPa。

2) 其余气室：额定压力 0.4MPa，报警压力 0.35MPa。

3.6.1.1　GIS 汇控柜

GIS 的二次控制、测量和监视装置集中装设于汇控柜中，所以汇控柜既是 GIS 间隔内、外各元件之间进行电气联络的中继枢纽，也是对 GIS 设备进行现场控制、监视及进行遥测、遥控、遥调、遥信的集中枢纽，对电气设备的正常运行起着非常重要的作用。

GIS 汇控柜主要功能如下：

① 对间隔内一次设备如断路器、三工位开关、快速接地开关等实施就地/远方选择操作。既可实现在控制柜上对上述一次设备进行就地操作，又可在 GIS 正常运行时改为远方操作。

② 监视断路器（CB）、隔离开关/接地刀闸（DS/ES）、快速接地刀闸（FES）的分合闸位置状况。

③ 监视各气室 SF_6 气体密度是否处于正常状态。

④ 监视断路器储能弹簧的储能状态。

⑤ 监视控制回路电源是否正常。

⑥ 显示 GIS 一次电气设备的主接线形式及运行状态。

⑦ 实现 GIS 本间隔内各 CB、DS、ES、FES 之间的电气联锁及间隔与间隔之间的电气联锁。

⑧ 监测 GIS 设备机构箱及端子箱内的温湿度并自动投入加热除湿装置。

⑨ 作为 GIS 各元件间及 GIS 与主控室之间控制、信号的中继端子箱接收和发送信号。

3.6.1.2　高压带电显示闭锁装置 VD

高压带电显示闭锁装置型号为 DXN15S-H-I 型，带电显示装置是用于检验 GIS（气体绝缘密封型开关装置）及特别高压柜的主回路有无电压的装置，具有显示用的 LED 和外部输出用的接点。VD 的一副常闭接点串在 GIS 线路地刀的控制回路上，作为电气闭锁使用。电压为 GIS 内部感应得到。汇控柜上的验电锁接与 VD，作为合线路地刀的判据。线路侧带电显示装置为三相。

装置介绍：

① 装置面板设报警灯（正常运行时灭，装置异常时红灯亮）、带电指示灯（无电绿灯亮，有电红灯亮）。

② 带电自检按钮介绍：

无电时应按自检，此时红灯亮一次灭掉，绿灯保持常亮，说明装置正常。

有电时应按自检，此时绿灯亮一次灭掉，红灯保持常亮，说明装置正常。

3.6.2 运行维护

3.6.2.1 GIS 断路器异常及处理

（1）GIS 断路器发生下列情况之一应申请停用处理：

1）GIS 断路器气室内部有异常声。

2）SF_6 压力降低发出闭锁信号。

3）GIS 二次设备损坏，影响其正常运行时。

（2）GIS 断路器不能正常分、合操作的可能原因：

1）分合闸电源消失。

2）合闸闭锁、分闸总闭锁。

3）汇控柜内"远方/就地"切换开关和测控单元的"远方/就地"切换开关至少有一个切在"就地"位置。

4）控制回路断线。

5）开关弹簧未储能。

6）选择了错误的开关操作方式。

（3）GIS 断路器不能正常分、合操作后的检查和处理：

1）检查开关直流控制电源有无消失。检查直流控制电源情况，试合空气开关。

2）检查同期装置与操作方式是否对应。

3）检查 SF_6 气压及弹簧储能是否正常，压力异常处理按气压异常处理方法。

4）"远方/就地"切换开关位置是否正确（切换开关在开关汇控柜内、继保室测控单元上各有一个）。

5）防跳继电器动作时，必须查明原因处理后，方可再行操作。

6）分、合闸线圈是否断线。若开关在合闸位置经检查处理后仍不能操作时，按"开关 SF_6 低气压闭锁"信号处理。

（4）其他异常及处理如表 3-4 所示。

表 3-4　　　　　　　　　GIS 断路器异常原因分析及处理对策

现象	原　因	对　策
合闸弹簧储能操作失败	电机回路断线或错误	重新检查回路
	电机线圈绕组断线	更换电机
	电阻断裂	更换电阻
	辅助开关接触不良	（a）如果发现辅助开关带动连杆操作不适当，调整带动连杆。 （b）如果辅助开关接点的接触压力不良，更换辅助开关。 （c）如果辅助开关是由于固定螺栓松动而造成接点不完全接触，锁紧松动的螺栓
	由于挂钩或连杆机构故障导致轴无法转动	（a）更换挂钩。 （b）更换连杆机构

现象	原 因	对 策
合闸操作失败	合闸控制回路断线或接线错误	重新检查回路
	自由分闸接点或辅助开关接触不良	更换接点或辅助开关
	合闸线圈组断线或层间短路	更换电磁线圈组
	挂钩故障	清洁挂钩组或更换瑕疵零件
	合闸弹簧断裂	更换弹簧
	SF_6 气体压力下降	修复漏气位置并充填 SF_6 气体
合断路器操作失败	分闸回路断线或接线错误	重新检查回路
	辅助开关接触不良	(a) 如果发现辅助开关带动连杆操作不适当,调整带动连杆。 (b) 如果辅助开关接点之接触压力不良,调整或更换新的辅助开关。 (c) 如果辅助开关是由于固定螺栓松动而造成接点不完全接触,锁紧松动之螺栓
	分闸线圈组断线或层间短路	更换电磁线圈组
	操作系统之连杆破裂	更换受损部分零件
	SF_6 气体压力下降	修复漏气位置并充填 SF_6 气体
接点过热	接触不良	更换接触弹簧
	接触面上有异物或主接触面不平	磨光接触面(如果有显著的不平整,则重新更换)

(5)操作机构异常及处理如表3-5所示。

表3-5　　　　　　　　　　GIS断路器操动机构异常原因分析及处理对策

现象	原 因	对 策
无法分闸/合闸	电源失效	检查电源线路、无熔线断路器、线路端子螺丝是否锁紧
	连杆机构松脱、变形、断裂	(a) 松脱处锁紧后涂布适当的润滑油。 (b) 变形、断裂更换零件后涂布适当的润滑油
电机不动作	电机回路断线或接线错误	重新检查回路
	连锁回路的限制开关损坏	重新调整操作位置或更换
	辅助开关或控制开关接触不良	修理或更换接点
	辅助开关接触不良	(a) 修理或更换接点。 (b) 检查连杆机构
	电机损坏	更换
	串联电阻断裂或烧毁	更换
电机无法停止	控制电机故障	更换
	辅助开关故障	更换或检查连杆机构
	弹簧储能机构故障(弹簧操作装置)	检查或更换

现象	原因	对策
合闸弹簧储能问题	关闭电源开关	再一次确认控制回路是否无误
	关闭电源开关	更换新品
	辅助开关之电机或控制回路接触不良	更换新品
	凸轮系统损坏	凸轮、离合器/齿轮损坏：拆开/检验，并更换新品

3.6.2.2 GIS断路器故障及处理

（1）运行中发生SF₆气体微量泄漏的检查处理：

1）在日常巡视检查维护中，若发现表计异常、表压下降，应即向值班负责人报告，在保证人身安全前提下按下列步骤检查处理。

2）根据压力表及气路系统确认漏气气室。

3）对压力表的可靠性进行鉴别，GIS气体密度计应关闭压力表阀门。

4）经检漏确认有微量泄漏，一方面汇报调度，一方面加强监视，增加抄表次数。

5）查找漏气部分（检修人员实施）。

（2）进行SF₆气体检漏时的安全注意事项：

① 检漏人应站在上风处，对通风不良环境检漏前和检漏中应用风扇进行通风。

② 检漏人应着长衣、穿胶靴、戴防毒面具，防护手套。

③ 检漏过程中若有人被故障时的外逸气体侵蚀，应立即清洗，并送医院诊治。

④ 若泄漏发生在断路器气室，在未采取较完善的安全措施前，不得随便接近气室。

（3）其他故障如表3-6所示。

表3-6　　　　GIS断路器故障原因分析及处理对策

故障现象	故障原因	处理方法
操动机构不自动打压	小型断路器处于分闸位置	接通小型断路器
	电源电压过低	确保有电源电压
电机不转	电机出现故障	更换电机
	碳刷磨坏	更换碳刷
操动机构不动作	操作电压过低	确保有操作电压
	线圈损坏	更换线圈
	辅助开关动作失效	调整辅助开关
操动机构受潮、凝露	加热回路小型断路器处于分闸位置	接通小型断路器
	无加热回路电压	检查加热回路电压
	加热板损坏	更换加热器

3.7　隔　离　开　关

3.7.1　工作原理

隔离开关没有专门的灭弧装置，不能用来接通、切断负荷电流和短路电流，只能在电气线路切断的情况下，才能进行操作。其主要作用是隔离电源，使电源与停电电气设备之间有一明显的断开点。

隔离开关的功能：

（1）用于隔离电源，将高压检修设备与带电设备断开，使其间有一明显可看见的断开点。

（2）隔离开关与断路器配合，按系统运行方式的需要进行倒闸操作，以改变系统运行接线方式。

（3）用以接通或断开小电流电路。

一般在断路器两侧各安装一组隔离开关，目的均是要将断路器与电源隔离，形成明显断开点；因为原来的断路器采用的是油断路器，油断路器需要经常检修，故两侧就要有明显断开点，以利于检修；一般情况下，出线柜是从上面母线通过开关柜向下供电，在断路器前面需要一组隔离开关是要与电源隔离，但有时，断路器的后面也有来电的可能，如通过其他环路的反送，电容器等装置的反送，故断路器的后面也需要一组隔离开关。

隔离开关主要用来将高压配电装置中需要停电的部分与带电部分可靠地隔离，以保证检修工作的安全。隔离开关的触头全部敞露在空气中，具有明显的断开点，隔离开关没有灭弧装置，因此不能用来切断负荷电流或短路电流，否则在高压作用下，断开点将产生强烈电弧，并很难自行熄灭，甚至可能造成飞弧（相对地或相间短路），烧损设备，危及人身安全，这就是所谓"带负荷拉隔离开关"的严重事故。隔离开关还可以用来进行某些电路的切换操作，以改变系统的运行方式。

3.7.2 运行维护

3.7.2.1 运行操作注意事项

（1）隔离开关或高压手车开关的正常操作：拉合隔离开关前必须核对命名正确后进行，操作前应检查开关在断开位置，操作后应检查触头确已拉开或合上。

（2）隔离开关的操作顺序：停电时先拉负荷侧，后拉母线侧，送电时先合母线侧后合负荷侧。

（3）隔离开关或高压手车开关允许进行下列操作：

1）拉合正常运行的电压互感器、避雷器。

2）拉合正常运行中的空载站用变压器。

3）拉合运行中的联结变压器 220kV 侧中性点接地刀闸。

（4）隔离开关或高压手车开关严禁执行如下操作：

1）带负荷拉合闸；

2）拉合电容电流超过 5A 的空载线路；

3）拉合励磁电流超过 2A 的空载变压器；

4）拉合处于故障下的电压互感器、避雷器；

5）雷击时禁止操作压变避雷器的隔离开关。

3.7.2.2 日常巡视事项

（1）隔离开关或高压手车开关的检查应结合交接班、中间巡视和每天一次熄灯检查进行，遇到高峰负荷时，应进行特巡检查。

（2）隔离开关或高压手车开关在运行中的检查项目：

1）触头（刀片）接触是否良好，有无发热；

2）搭头及导线结头有无发热；

3）支持瓷瓶有无裂纹和放电闪络现象，是否清洁；

4）连杆销子是否完好；

5）隔离开关或高压手车开关基座及操作机构有无锈蚀，接地是否良好；

6）接地刀闸或高压手车开关接地点连接是否良好，有无严重锈蚀；

7）隔离开关或高压手车开关命名是否完好正确；

8）大风天气检查引线摆动是否符合要求，高温高峰负荷时检查触头、搭头等有无发热现象；

9）检查操作机构辅助接点外罩等是否密封良好，是否受潮生锈等现象；

10）检查机械闭锁装置或挂锁是否完好，所有隔离开关（手车）及接地刀闸或高压手车开关是否全部上锁。

3.7.2.3 检修及验收

1）隔离开关或高压手车开关新投运或大修后的验收检查项目；

2）就地手动电动操作轻便，转动灵活，无卡涩现象，三相分合闸同步；

3）各转动部件、触头、搭头处应有润滑油；

4）各连接部件螺丝无松动，触头接触应良好紧密；

5）引线相间对地距离应符合要求，无过紧过松现象；

6）隔离开关或高压手车开关断开后，角度应满足规定；

7）油漆完整，相色漆正确；

8）基座及构架固定是否牢固，接地是否可靠。

3.7.2.4 异常及事故处理

隔离开关或高压手车开关在运行中发现触头或搭头等连接部分严重发热时，应立即汇报调度，调整负荷，必要时应停电处理：

1）发现隔离开关或高压手车开关支持瓷瓶闪络放电时，应立即与调度联系，设法停役处理；

2）当电动操作时发生熔丝熔断或手动操作有卡涩现象时，应停止操作，检查机构联锁状态，严禁强行操作，以免损坏设备；

3）隔离开关或高压手车开关不能分合时，应首先检查操作是否正确，检查防误闭锁是否开启；

4）拉合接地隔离开关或高压手车开关前应检查相应的隔离开关（手车）确已拉开，并验明无电，严防带电合接地刀闸或高压手车开关的恶性事故发生。

3.7.2.5 缺陷分类

发热缺陷：如采取措施后仍超过规定按紧急缺陷定性。

操作障碍缺陷：如操作中，发生隔离开关或高压手车开关因机械卡涩而造成操作无法继续进行的缺陷应定为紧急缺陷；如操作中发生隔离开关或高压手车开关因机械卡涩而造成操作困难，但操作尚可操作的缺陷，应定为一般缺陷。

3.8 换流阀冷却系统

3.8.1 阀冷系统概述

换流阀冷却系统是换流站最重要的辅助设备，其稳定、可靠的运行，决定了整个换流站稳定、可靠的运行。舟山多端柔性直流输电重大科技示范工程换流站阀冷系统配置一套水-水冷却系统，由许继晶锐科技有限公司提供全套设备。

该系统由两个冷却循环组成：一为内冷水循环，二为外冷水循环。阀冷却系统设置就地控制和中央监控，采用 PLC 控制器，对冷却水的水温、电导率、水压、流量等参数将进行监测、显示和自动调节，控制系统从电源、传感器及控制器均冗余配置。

3.8.2 阀冷系统的构成

以舟定换流站阀冷系统为例：主要由闭式蒸发式冷却塔、去离子装置、循环水泵、脱气罐、电加热器、膨胀罐、氮气稳压系统、机械式过滤器、补充水泵、喷淋水软化及加药装置、喷淋水泵、配电及控制等设备组成，如图 3-11 所示。

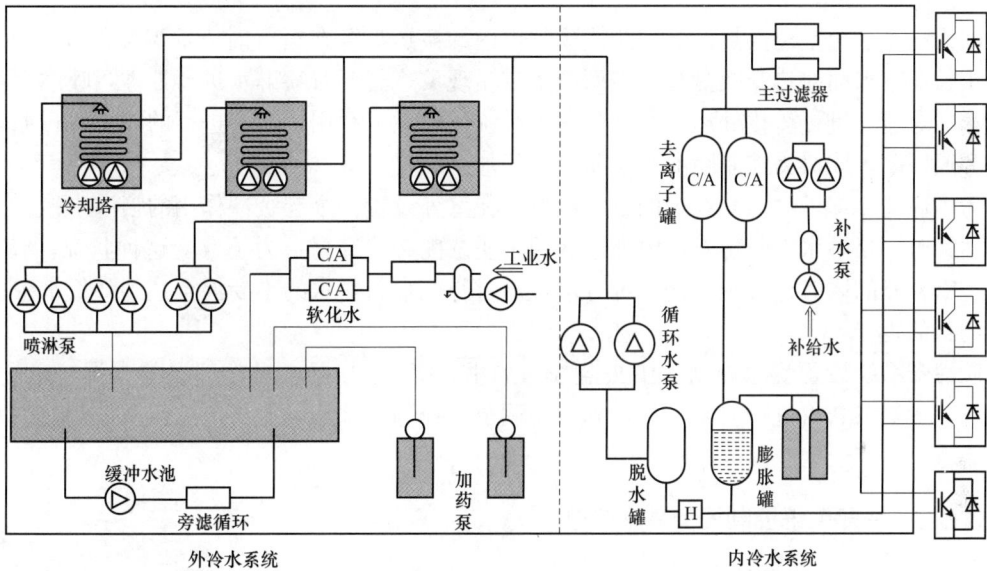

图 3-11　阀冷系统主要设备

内冷却水在换流阀内加热升温后，由循环水泵驱动进入室外闭式冷却塔内的换热盘管，喷淋水泵从室外缓冲水池抽水均匀喷洒到冷却塔的换热盘管表面，喷淋水吸热后蒸发成水蒸气通过风机排至大气，在此过程中，换热盘管内的冷却水将得到冷却，降温后的内冷却水由循环水泵再送至换流阀，如此周而复始地循环。

在室外气温较高的情况下，为了保证稳定的水温，3 台冷却塔均运行，如果其中一台发生故障或停机检修时，则其余 2 台冷却塔满负荷运行即可保证冷却系统的出力。内冷却水温度的控制和调节主要通过调节冷却塔变频调速风机的转速及风机的台数实现。在室外气温降低或换流阀负荷较小的情况下，可以首先调节冷却塔运行台数，再通过调节冷却塔风门和调节冷却塔变频调速风机的转速来实现对水温的控制。

为了控制进入换流阀内冷却水的电导率，在主循环回路上并联一去离子回路。去离子回路主要由一用一备的离子交换器和交换器出水段的精密过滤器组成。系统运行时，部分冷却水将从主循环回路旁通进入去离子回路进行去离子处理，去离子后的冷却水电导率将会降低，处理后的冷却水再回至主循环回路。通过去离子回路连续不断地处理，内冷却水的电导率将会被控制在换流阀所要求的范围之内。同时为防止交换器中的树脂被冲出而污染冷却水水质，在交换器出水口设置一精密过滤器。

为保证内冷却水回路中维持一恒定压力和水量，设置氮气稳压回路。冷却水补水回路主要由补水泵、补水过滤器及离子交换器等组成。在冷却系统运行时膨胀罐的水位低于设定值，则补充水泵将自动启动向回路补水。补充水为外购的纯净水/蒸馏水，在补水泵的作用下将补充水先经过补水过滤器，再经过离子交换器以保证补充水的电导率满足换流阀要求。氮气稳压回路设置一用一备的两组氮气瓶，每组有 2 台氮气瓶（一用一备），为膨胀罐提供压力，确保最高处管道充满介质。氮气瓶内为高纯氮。

闭式冷却塔、去离子装置、膨胀罐、水泵、管道及阀门等设备中一切与内冷却水接触的物质均采用不锈钢材料，系统内还设有过滤器（不锈钢芯体）过滤杂质，从而保证了内冷却水有很高的洁净度。

因为阀冷系统室外换热设备即闭式冷却塔内的换热盘管在运行时表面温度约 50～60℃，为防止长期喷水而在热交换盘管外表面产生结垢现象，需要对喷淋水进行处理，喷淋水补水进入水池之前先进行软化处理。此外喷淋水系统还设置了利用砂滤器进行的喷淋水自循环水处理旁通回路，同时为控制喷淋水水质设置了加药装置。

为了保证冷却塔喷淋水系统的正常运行，在室外设置一个起缓冲作用的喷淋水池。因冷却塔运行时，喷淋水不断蒸发，水池中水的杂质浓度必然升高，为了改变这种状况，水池内的水进行补充的同时还必须排掉一部分水，通过补充水与存水的不断混合达到降低水中盐分浓度的目的。

阀冷却系统设置就地控制和中央监控，采用 PLC 控制器，对冷却水的水温、电导率、水压、流量等参数将进行监测、显示和自动调节，控制系统从电源、传感器及控制器均冗余配置。

3.8.3 冷却系统控制设备基本信息

3.8.3.1 控制单元结构

PLC 是阀冷系统控制与保护的核心元件，本项目中选用西门子 S7‑400H 系列的 PLC，该系列 PLC 的 CPU、数字量 I/O 模块、模拟量 I/O 模块、通信模块均采用冗余配置。CPU 采用的是两个高性能 S7‑414‑5H 系列，且两个 CPU 配置同步模板，通过同步光纤连接，实现 CPU 硬件的冗余配置。S7‑400H 采用了热备用模式的主动冗余原理，无故障时两个子单元均处于运行状态，当其中一个子单元发生故障时，可进行无扰动地自动切换，任何一个正常工作的子单元都能够独立完成整个过程的控制。

3.8.3.2 工作模式

阀冷控制系统的操作分为调试、停止和运行 3 种工作模式，可通过钥匙式三位旋转钮和直流解锁信号共同实现。

3.8.3.3 调试模式

一般在系统检修维护及调试时采用该模式。该模式下，主循环泵、补水泵、原水泵、电加热器、风机、喷淋泵、旁滤泵、电动开关阀等都能通过人机界面上按钮进行手动启停操作，且相应的指示灯正确指示。在该模式下，阀冷控制系统与上位机的通讯继续保持，通过通信向阀控系统反映调试模式下阀冷系统的状态。

3.8.3.4 停止模式

该模式下，在人机界面上不能进行任何有效操作，与上位机的通信继续保持，通过通信向极控系统反映停止模式下阀冷系统的状态。

3.8.3.5 运行模式

该模式下，在换流阀未解锁时，可通过人机界面上的"阀冷启动"和"阀冷停止"按键对阀冷控制系统进行本地启停操作。

进入运行模式后，阀冷控制系统将根据整定参数监控水冷系统的运行状况和检测系统故障。在该模式下，PLC 自动控制冷却水进阀温度，对阀冷系统参数的超标实时发出告警，当参数严重超标有可能影响换流阀安全运行时将自动发出跳闸报警信号。在该模式下，主循环泵、电加热器、电动开关阀、喷淋泵、加药泵、排水泵、旁滤泵、补水泵和风机等由 PLC 根据实际工作环境进行自动控制；此时，各设备控制面板自复式旋钮手动操作无效，与上位机的通信继续保持，通过通信向阀控系统反映运行模式下阀冷系统的状态。

3.8.4 内冷水系统流程、运行规定及巡视检查

3.8.4.1 内冷水系统流程

内冷水系统由主循环水泵、离子交换系统、内冷补水系统、氮气稳压系统、电加热器、脱气罐、主过滤器及配电控制等设备组成（见图 3-12）。

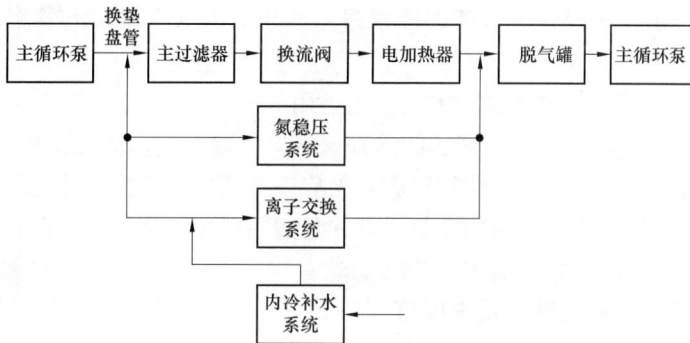

图 3-12 内冷水系统流程

主循环水泵：为卧式离心不锈钢泵，一用一备，为换流阀闭环冷却系统中冷却介质的循环提供动力。主过滤器一用一备，是为防止刚性颗粒进入阀体，在进出口设置压差表，检测堵塞程度，及时反洗。脱气罐置于主循环泵进口，灌顶设自动排气阀，彻底排出冷却水中气体。电加热器，为了防止在冬季因冷却水温度过低，在换流阀水管外壁凝露。

离子交换系统：包括离子交换器、精密过滤器。离子交换器是对流经该回路的冷却介质进行去离子处理，达到长期维持极低电导率的目的。精密过滤器采用更换滤芯的方式，是为防止离子交换器中树脂或其他杂质进入主循环回路。

内冷补水系统：包括补水泵、原水泵、补水过滤器、原水过滤器等组成，以保证内冷循环水流量稳定。

氮气稳压回路：由膨胀罐、氮气瓶、电磁阀、减压阀等组成，用于保持管路的压力和冷却介质的充满。

3.8.4.2 内冷水系统运行规定

（1）主循环泵的运行规定：

1）每次启动主循环泵前，都应检查相关阀门的位置正确，膨胀罐的水位正常；

2）正常运行时，内冷水循环泵选择开关应置于"自动"位置；

3）运行时，一台工作，一台备用，每周自动切换一次；

4）每日检查一次主循环泵运行情况，包括振动、噪声、油位等，发现异常，应及时处理。

（2）离子交换器的运行规定：

1）正常运行时两个去离子设备并联运行；

2）正常时按照厂家说明书定期更换离子交换器中的树脂；

3）当阀冷却保护系统发出主水电导率高报警信号，现场检查属实后，应及时更换树脂。

（3）氮气加压系统运行规定：

1）两套氮气加压系统，一套运行，一套备用；

2）当运行中的氮气瓶压力低于设定值时，系统将给出报警，此时应手动切换到备用氮加压系统运行，同时更换氮气瓶。

（4）其他规定：

1）每次站用电系统切换后，都要检查阀冷却系统运行正常。

2）阀冷却系统正常运行时应保证内冷水进水水温，出水水温，电导率，流量不超过报警值。

3）站内要保证有足够的氮气罐和去离子水备用。

4）换流阀停运一定时间后才可停运阀冷却系统，以确保换流阀温度控制在正常范围内。阀冷却系统如停运一周到六个月，期间每周必须启动系统并循环内冷水运行 30min；停运时间如长于 6 个月，必须放空系统内的冷却水，并且清除离子交换器的树脂，恢复行前时须启动系统并循环内冷水直至电导率低于 $0.5\mu S/cm$。

3.8.4.3 阀冷系统的启动前检查项目

（1）有关阀门位置在正确位置；

（2）控制柜通电，并且启动阀冷却控制程序；

（3）复归所有告警；

（4）检查膨胀水箱内水位应在正常位置，如果需要进行补水；

（5）检查电导率、压力和温度等相关表计指示是否正常；

（6）阀冷却系统停运时间较长时，电导率可能超过允许值，在阀投运前应先启动阀冷却系统，使电导率降至允许值。

3.8.4.4 内水冷系统巡视检查

（1）检查主循环泵、内冷水管道、各阀门及法兰连接处外观正常，无严重锈蚀，渗漏水现象。

（2）检查主循环泵、各控制盘柜运行声音无异常，内冷水管道无异常振动，现场气味无异常。

（3）内冷水电源就地控制盘面无报警，各指示灯状态正确，控制保护板卡无报警灯亮。

（4）内冷水进、出水温度正常，流量正常，膨胀罐水位不低于报警值。

（5）内冷水电导率低于报警值，氮气罐压力不低于正常值。

（6）主循环泵、母线排、负荷开关、接触器无明显过热点。

（7）电源就地控制盘，控制保护盘接地连接良好，无凝露现象，各元器件标识清楚、无缺失损坏。

（8）阀内冷设备巡视卡，见表3-7。

表3-7 阀内冷设备巡视卡

设备名称	序号	检查内容	标准	异常分析
主水回路	1	电导率	表计完好，读数小于0.5μS/cm	电导率高于0.5μS/cm报警
	2	进阀压力	表计完好，读数0.45～0.82MPa之间	进阀压力小于0.45MPa、大于0.82MPa报警
	3	出阀压力	表计完好，读数为0.07～0.21MPa之间	出阀压力小于0.07MPa、大于0.21MPa报警
	4	进阀温度	表计完好，读数12～47℃之间	报警47℃，大于49℃跳闸小于10℃跳闸
	5	出阀温度	表计完好，读数小于56℃	阀塔发热异常
	6	进阀流量	表计完好，读数121.3～148.3L/s	进阀流量小于108.0L/s且进阀压力小于0.45MPa跳闸进阀流量小于108.0L/s且进阀压力大于0.82MPa跳闸
	7	出阀流量	表计完好，读数121.3～148.3L/s	
	8	主循环泵	运行正常，温度正常、声音正常、油位正常、无明显过热及振动、接口无渗漏，正常进口压力0.05～0.15MPa、出口压力0.6～0.87MPa	两台主循环泵故障且进阀压力小于0.45MPa跳闸
	9	主过滤器	进出口压差小于20kPa	超过20kPa报警，需检修清洗
补水系统	1	补水泵	无漏水、过热、明显振动，声音正常	
	2	补水罐	无漏水，液位大于20%	手动补水，注意补水时间，乙二醇加入补水小车中
离子交换回路	1	电导率	表计完好，读数小于0.3μS/cm	电导率高于0.3μS/cm报警
	2	流量	表计完好，读数0.5～2L/s之间	
膨胀罐	1	水位	表计完好，读数为30%～80%	水位低于30%或高于80%报警，水位低于10%跳闸
	2	压力	表计完好，读数为0.08～0.20MPa之间	
控制柜	1	状态	盘面无报警，各指示灯状态正确，无死机、过热现象	

设备名称	序号	检查内容	标准	异常分析
氮气回路	1	氮气瓶	无漏气现象	
	2	氮气管路	表计完好，压力大于 1.5MPa	低于 1.5MPa 后台有报警信号，需手动切换
阀门	1	状态	位置指示正确	导致漏水或管道堵塞
管道	1	状态	清洁，无渗漏水现象	
电源柜	1	状态	接地连线良好，无凝露现象，开关位置正常	

3.8.5 外冷水系统流程、运行规定及巡视检查

3.8.5.1 外冷水系统流程

外冷水由缓冲水池、软化水池、喷淋水泵、闭式冷却塔、加药装置、软化水装置、过滤系统、再生装置等设备组成，如图 3-13 所示。

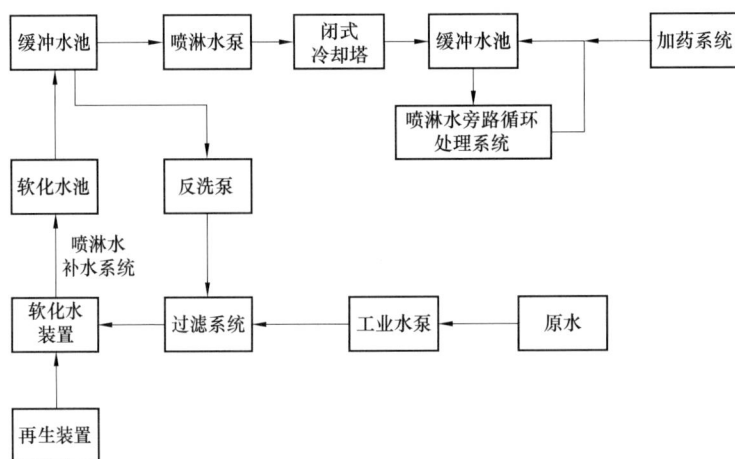

图 3-13 外冷水系统流程

闭式冷却塔：由换热盘管、换热层、动力传动系统、水分配系统、检修门及检修通道、集水箱、底部滤网等组成。冷却塔作为阀冷却系统的室外换热装备，将被换流阀加热的冷却介质降温，以使其温度在进阀的允许范围内。

喷淋水系统：由喷淋泵、喷淋水旁路循环处理系统、喷淋水补水系统、喷淋水加药系统、缓冲水池及排污系统。喷淋泵是将缓冲水池内的外冷水传输至冷却塔顶部喷头，喷淋换热盘管，带走内冷水热量。喷淋水旁路循环处理系统由砂滤器和旁滤循环泵组成，是为了避免因喷淋水中杂质过多、菌类的滋生，对缓冲水池的水进行过滤。喷淋水的补水回路主要由全自动反冲洗过滤器和软水器组成，补充喷淋水排污、挥发损耗的水量。喷淋水加药系统，是为了避免或减轻沉积物的产生，防止传热效率的降低，延长闭式冷却塔的使用寿命，防止垢的产生和微生物的滋生，对喷淋水采取水质稳定处理。

3.8.5.2 外冷水系统运行规定

（1）冷却塔的运行规定：

1）冷却塔投入运行前，应检查内冷水的进、出水阀门在打开位置，冷却塔风扇的电源在合上位置；

2）大修过后或首次投入的风扇，在投运后，应检查风扇的转向和转速是否正常。

（2）喷淋泵运行规定：

1）每次启动喷淋泵前，应检查喷淋泵是否进气，启动后，检查喷淋泵出水是否正常，若无出水，应立即断开喷淋泵电源；

2）喷淋泵运行时，其出水泄流阀根据累计流量自动打开；

3）喷淋泵正常运行时，其出水管上阀门应保持半开位置，以便使适当的水通过过滤器进行处理。

（3）缓冲水池的运行规定：

正常运行时，缓冲水池的水位应保持在正常范围之间。如果水位低于设定值，补水系统自动启动，直到水位升至正常值为止。

（4）补水过滤器的运行规定：

1）补水回路过滤器正常一个运行，一个备用；

2）补水回路过滤器的进水压力应保持高于设定值；

3）喷淋泵、工业泵的出水过滤器要定期更换滤网。

（5）盐池的运行规定：

1）每周检查盐池盐位，发现盐池无盐时，应及时切换盐池和相关阀门，并对盐池进行补盐，严禁盐池无盐运行；

2）定期检查盐池水位，发现盐池水位低时，及时补充自来水。

（6）软化水装置的运行规定：

1）正常运行时，一个软化水装置运行，另一个软化水装置备用，当运行的软化水装置累计流量达到设定值时，自动进行切换；

2）当某一软化水装置检修时，可将该软化水装置切至"退出"状态，另一软化水装置可正常运行，且不会切至该软化水装置；

3）软化水装置再生级别高于补水级别，在补水过程中如软化水装置需再生，则先进行再生，然后再补水；

4）如果软化水装置空闲时间大于整定值，系统将自动再生主用软化水装置后，将空闲软化水装置切至主用，且在长时间内，软化单元未启动，将发出报警；

5）如果软化单元停运时间大于整定值，系统将自动启动，且每个软化水装置将自动运行一段时间后；

6）当软化水装置再生时出现故障，应对软化水装置进行手动再生后再投入运行。

3.8.5.3 外水冷系统的巡视检查

（1）现场检查反洗泵、喷淋泵、软化罐、水管道、各电磁阀及阀门法兰连接处无漏水现象。

（2）检查各阀门位置正确，喷淋泵、冷却塔风扇无异常声音和明显展动，无渗漏水、溢水等现象。

（3）检查同一阀各冷却塔的喷水情况是否平衡，冷却塔风扇的转速是否平衡。

（4）缓冲水池、盐池、盐井水位正常，盐池中盐量充足。

（5）检查各测量表计指示在正常范围之内，就地控制盘柜的控制方式与参数显示正常。

（6）检查软化罐的出水硬度必须符合要求。

（7）红外测温外冷水系统控制柜内开关、接触器、继电器、二次端子无温度异常。

（8）阀外冷设备巡视卡，见表3-8。

表3-8 阀外冷设备巡视卡

设备名称	序号	检查内容	标准	异常分析
补水系统	1	喷淋补水压力	表计完好，读数0.3～0.6MPa之间	
	2	喷淋补水流量	表计完好，记录累积值	
	3	活性炭过滤器	运行正常，水压正常，无堵塞、泄漏现象	
	4	软化装置	流量正常，无漏水、堵塞现象	
	5	反洗泵	运行正常，声音正常，油位正常、无明显过热及振动、接口无渗漏	
	6	盐箱水位	水位传感器、水位开关指示正常	
	7	盐液浓度	呈饱和状态	
加药系统	1	加药泵	加药泵指示正常，管道无渗漏、无气体残留，连接管道正确、牢靠	
	2	加药桶液位	2只加药桶药量液位不低于130mm	低于130mm加药泵报警
喷淋系统	1	喷淋泵	运行正常，声音正常，油位正常、无明显过热及振动、接口无渗漏	
	2	喷淋头	喷水通畅无损坏、堵塞	
	3	喷淋泵安全开关	开关处于"ON"开位置	
缓冲水池	1	水位	水位传感器密封良好，液位在45%～75%之间	
冷却塔	1	风扇	风扇位置紧固，无异常声音和明显震动，无偏斜，叶片无变形，电机无渗漏，皮带无严重磨损，本体无漏水现象	
	2	滤网	下部回流口滤网完好	
旁滤循环系统	1	砂滤器	运行正常，水压正常，无堵塞、泄漏现象	
	2	旁滤循环泵	运行正常，声音正常，油位正常、无明显过热及振动、接口无渗漏	
	3	压力	表计完好，读数正确	

设备名称	序号	检查内容	标准	异常分析
旁滤循环系统	4	喷淋水排污流量	表计完好，记录累积值	
	5	喷淋水排污电导率	表计完好，读数小于 $4000\mu S/cm$	
	6	排水泵	运行正常，声音正常，油位正常、无明显过热及振动、接口无渗漏	
	7	旁滤循环泵安全开关	开关处于"ON"开位置	
	8	排水泵安全开关	开关处于"ON"开位置	
阀门	1	状态	位置指示正确	
管道	1	状态	清洁，无渗漏水现象	
外冷水控制柜	1	状态	盘面无报警，各指示灯状态正确，无死机、过热现象	
外水冷交流电源柜	1	状态	接地连线良好，无凝露现象，开关位置正常	

3.8.5.4　在下列情况下应对阀冷却设备进行特殊巡视检查

（1）大风、雾天、冰雪、冰雹及雷雨后的巡视。

（2）设备变动后的巡视。

（3）设备新投入运行后的巡视。

（4）设备经过检修、改造或长期停运后重新投入运行后的巡视。

（5）异常情况下的巡视。主要是指：过负荷或负荷剧增、超温、设备发热、有接地故障情况等，应加强巡视，必要时，应派专人监视。

（6）设备缺陷近期有发展时、有重要供电任务时，应加强巡视。

（7）主循环泵发生切换后，检查循环泵运行是否正常，有关表计指示是否正常。

3.8.5.5　新投入或经过大修的阀冷却设备的巡视要求

（1）阀冷却设备声音应正常，如发现响声不均匀或异常声响，应认为相应设备内部有故障。

（2）水位变化应正常，如发现水位异常应及时查明原因。

（3）各阀门位置应正确，水回路的流量在正常范围内。

（4）水温变化应正常，换流阀解锁后，水温应缓慢上升。

3.8.5.6　异常天气时的巡视项目和要求

（1）气温骤变时，膨胀罐水位是否有明显变化，是否有渗漏现象。

（2）雷雨、冰雹后，冷却塔风扇有无异常声音，有无杂物。

（3）室外气温低于0℃，检查阀冷却系统管道内有无结冰现象。

（4）高温天气应检查水温、水位传感器是否正常。

（5）暴雨后检查排水泵抽水是否正常，喷淋泵是否运行正常。

3.8.6 阀冷控制系统日常巡视及维护

（1）阀冷控制系统日常巡视。

1）人机界面无实时告警信息；

2）控制柜面板指示灯状态应与设备运行状态一致；

3）正常运行时，除检修插座电源外，所有断路器均处于合闸状态；

4）正常运行时，所有的安全开关均处于合闸状态；

5）PLC数字量输入模块的LED指示灯状态应与实际开入状态一致；

6）PLC数字量输出模块的LED指示灯的状态应与实际开出状态一致；

7）PLC继电器LED指示灯与PLC继电器输出一致；

8）检查交流接触器内有无放电声，分、合信号指示是否与电路状态相符；

9）巡视CPU有内部故障时，"SF"指示灯点亮，单CPU故障时会自动切换，不影响阀冷系统正常运行，两CPU均故障时阀冷系统停运。此情况下，应停止对阀冷系统的操作，并立即与厂家联系。

（2）阀冷控制系统日常维护。

1）检查和维护一定要专业技术人员，在充分熟悉阀冷系统电气、控制回路后，方可进行；

2）一般情况下，不允许在通电运行情况下，对柜内设备进行检查维护；

3）应定期检查柜顶散热风扇、机柜通风格栅的工作情况，防止风扇、通风格栅滤芯因积灰封堵，使控制柜的散热通风量减小而致柜内温度升高，影响柜内电气元件使用寿命；

4）现场检修泵、风机时，通过人机界面系统维护后，然后断开相应的交流断路器、直流控制断路器、安全开关，检修完成后再依次合上开关；

5）应定期使用红外测温设备对主泵动力柜、交流电源柜的交流断路器、接触器、动力电缆线路，控制单元柜的直流接触器及母线的搭接端头等设备进行温度测量，并与历史数据比较，可以预防电气元件因局部温升过高，造成回路故障；

6）年度检修时，应清理控制柜灰尘，防止电气元件因积灰造成相间、相对地短路情况发生。

3.8.7 常见异常、故障分析及处理

3.8.7.1 内冷水系统故障处理

（1）内冷水温度高处理。

1）检查冷却塔运行情况是否正常。

2）检查喷淋泵运行情况是否正常。

3）在软件中检查两套保护系统测得的换流阀进出水温度及冷却塔出水温度是否相同，若差异较大，则将测量数据异常的保护系统退出运行并联系检修处理。

4）若测量值接近，应监视温度，根据现场情况采取辅助降温措施。

5）若温度继续上升，必要时申请调度降低直流负荷。

（2）内冷水泄漏处理。

1）检查内冷水膨胀水箱水位是否在正常范围内，若水位正常且无下降趋势，查找报警

原因。

2）若水位在正常范围内，但缓慢下降，派人查找漏点，重点检查内水冷室、阀厅、冷却塔等位置，并做好内冷水补水的准备工作。

3）若发现漏点且能有效封堵的，应立即进行封堵；若无法封堵但能够隔离的，应对漏水部分进行隔离；若不能隔离，立即申请调度停电处理。

4）以上部位都未检查到漏水，而且冷却塔有备用冗余，可以采用先关闭一组冷却塔内冷水进出水阀门，然后检查膨胀罐水位是否下降，以排查冷却塔内部是否漏水。注意在恢复冷却塔运行时，应退出微分泄漏保护。

5）若水位迅速下降，立即申请调度停电处理。

（3）换流阀泄漏保护动作处理。

1）用摄像头检查阀厅地面是否有水。

2）若阀漏水检测器信号能复归且地面无水，则加强对该极内冷水系统运行情况的监视。

3）若阀漏水检测器信号不能复归且地面无水，应加强监视。

4）若漏水检测器信号不能复归且检查阀厅地面有水，则立即汇报调度并申请停电处理。

3.8.7.2 外冷水系统故障处理

（1）外冷水不能自动补水处理。

1）现场检查外冷水系统设备、工业泵及综合水池水位是否正常。

2）若外冷水控制单元故障，则启动工业泵并旁通水处理系统对平衡水池进行补水。

3）若为外冷水处理设备故障，则视情况切换至备用设备，恢复外冷水补水，若不能恢复，应转至检修状态处理。

4）若相应的工业泵故障，切换备用工业泵运行，若工业泵全部故障，用消防栓对缓冲水池进行紧急补水。

5）加强缓冲水池水位监视。

（2）外冷水系统喷淋泵故障处理。

1）现场检查故障喷淋泵已停运，备用喷淋泵投入运行。

2）检查外水冷系统运行情况，查看备用喷淋泵投运情况。

3）检查故障喷淋泵的电源回路，若有开关跳闸，可对跳开的喷淋泵电源小开关进行一次试合，若试合成功，则密切监视喷淋泵运行情况。

4）若试合不成功，则断开该泵电源开关及安全开关，做好安措，转至检修状态处理。

5）若喷淋泵故障引起两台冷却塔不可用，汇报调度，视现场情况采取辅助降温措施，密切监视内冷水的进出水温度变化。

6）若温度异常升高，则申请降低直流负荷。

（3）外冷水冷却塔风扇故障处理。

1）现场检查冷却塔风扇调频器故障、电源小开关跳闸或冷却塔风扇卡涩等。

2）检查外水冷系统运行情况，确认其他冷却塔运行正常。

3）检查故障冷却塔风扇有无卡涩，若有明显的刮擦现象，则将该冷却塔转至检修处理。

4）若外观检查无异常，则对风扇电源回路进行检查。若风扇电源开关跳闸，则对跳开的冷却塔风扇小开关进行一次试合，若试合成功，密切监视风扇运行情况；若试合不成功，则应在低负荷时断开该组风扇的电源开关，对应喷淋泵的电源开关，转至检修状态处理；同时应加强水冷系统温度监视，若内冷水温度异常升高，则立即恢复该喷淋泵运行。

5）若冷却塔风扇电源回路正常，则断开冷却塔风扇电源总开关对变频器进行复位，恢复电源后检查冷却塔运行情况。

6）若在处理该冷却塔风扇故障时，则应尽快将检修冷却塔投入运行，视现场情况采取辅助降温措施，必要时申请调度降低直流功率。

7）常见冷却塔风扇故障处理如表3-9所示。

表3-9　　　　　　　　　　　　常见故障表

序号	故障现象	可能原因	处理方法
1	主泵故障	主泵过载	测量主泵回路电流，看是否大于整定值
		主泵进线电源异常	1）观察主泵电源监视器指示灯是否正常； 2）用万用表测量主泵进线电压是否正常
2	主泵过热	主泵过热	检查主泵PTC输入电阻，是否大于3.6kΩ
		主泵测温模块开关未合闸	合上主泵测温模块开关
		主泵测温模块故障	检查主泵测温模块的工作电压是否正常
3	主循环泵软启动器故障	软启动器失载	检查主泵安全开关是否合闸
		负载缺相	检查电机接线是否有松动
4	主循环泵渗漏	主循环泵渗漏	检查主循环泵是否有渗漏现象
		主循环泵检漏开关故障	检查主循环泵主循环泵检漏开关是否异常
5	氮气瓶压力低	氮气瓶压力低	检测氮气瓶压力值是否正常
		氮气瓶压力开关故障	检查氮气瓶压力开关、压力开关阀门是否异常
6	主过滤器压差高	滤网堵塞	检查过滤器滤网状态
		主过滤器压差表故障	检查主过滤器压差表是否异常
7	主循环泵进线电源故障	主循环泵进线电源异常	1）观察主循环泵电源监视器指示灯是否正常； 2）用万用表测量主循环泵进线电压是否正常
8	开关未合闸	开关脱扣	1）根据图纸检查回路是否异常； 2）检查开关的整定值是否正确（如有）； 3）合上开关
		开关辅助触头坏	更换开关辅助触头
9	风机故障	变频器过载、故障	读取变频器的报警信息，并根据报警信息内容进行处理。详情请参考变频器手册
		变频器进线开关脱扣	检查交流电源回路，看是否存在短路现象；检查完毕重新合闸

序号	故障现象	可能原因	处理方法
10	电动开关阀故障	电动阀电源开关未合闸合上电动阀电源开关	电动阀电源开关未合闸合上电动阀电源开关
		电动阀阀位反馈信号异常	检查电动阀上的位置指示，看是否已开、合到位；如正常，检查阀位输入的开关量输入信号
11	水泵故障	电源开关未合闸	合上电源开关
		水泵安全开关未合闸	合上安全开关
		水泵过载	1) 检查看整定值是否过小； 2) 检查水泵是否堵转
12	电加热器故障	电源开关未合闸	合上电源开关
		电加热器故障	测量电加热器的直流电阻，看是否存在断线
13	24VDC 电源故障	电源开关未合闸	合上电源开关
		直流电源故障	1) 检查直流电源模块的 DCOK 指示灯，看是否正常； 2) 测量直流电源模块的输出电压是否正常
14	交流电源故障	交流电源异常	检查交流电源输入电压是否正常
		交流电源监视模块异常	检查交流电源监视模块是否正常工作
		交流进线开关未合闸	合上交流进线开关
		隔离开关未合闸	合上隔离开关
		交流电源监视模块开关未合闸	合上交流电源监视模块开关
		交流电源控制开关未合闸	合上交流电源控制开关
15	交流母线故障	交流母线电源监视模块开关未合闸	合上交流母线电源监视模块开关
		交流母线电源故障	检查交流母线电源输入电压是否正常
16	DC110 直流电源消失	DC110V	直流电源消失检查 DC110V
		DC110V 直流电源监视继电器故障	检查继电器的控制线圈电压及输出接点状态
		DC110V 直流电源切换回路故障	1) 检查 DC110V 直流电源回路切换接触器线圈两端电压； 2) 检查 DC110V 直流电源回路切换接触器主回路、辅助回路触点状态； 3) 更换直流双电源切换回路接触器
17	进阀温度高	阀冷系统冷却出力不足	采取措施提高冷却系统出力
18	传感器断线/故障	传感器电缆接头松动	检查传感器接线端子，重新紧固
		传感器故障	检查传感器的输入电流，如小于4mA 或大于20mA，应更换传感器
		PLC 模拟量输入模块故障	检查传感器的输入电流，如在 4～20mA 范围内，应更换模拟量输入模块

序号	故障现象	可能原因	处理方法
19	传感器信号超差	传感器故障	在人机界面的"参数查看""分参检查"项目里检查冗余的传感器的显示值，通过综合判断，测量显示值明显偏离正常范围的传感器进行更换处理
		PLC 输入模块故障	检查传感器的输入电流，如输入电流正常，应更换模拟量输入模块
20	阀冷系统失去冗余冷却能力	阀冷系统的冗余设备、传感器出现故障	检查阀冷系统设备、传感器，进行更换处理
21	控制系统 A/B 故障	CPU 的电源模块故障	检查电源模块指示灯，是否显示正常
		CPU 故障	检查 CPU 指示灯是否异常

3.9 电流互感器

3.9.1 工作原理

在发电、变电、输电、配电和用电的线路中电流大小悬殊，从几安到几万安都有。为便于测量、保护和控制需要转换为比较统一的电流，另外线路上的电压一般都比较高如直接测量是非常危险的。电流互感器就起到电流变换和电气隔离作用。

电流互感器（TA）的作用是可以把数值较大的一次电流通过一定的变比转换为数值较小的二次电流，用来进行保护、测量等用途。

传统的电流互感器的原理与变压器类似，也是根据电磁感应原理工作，变压器变换的是电压而电流互感器变换的是电流。电流互感器接被测电流的绕组（匝数为 N_1），称为一次绕组（或原边绕组、初级绕组）；接测量仪表的绕组（匝数为 N_2）称为二次绕组（或副边绕组、次级绕组）。电流互感器的一、二次额定电流的比值称为额定电流比。

3.9.2 传统电流互感器技术参数

（1）额定容量：额定二次电流通过二次额定负荷时所消耗的视在功率。额定容量可以用视在功率 V.A 表示，也可以用二次额定负荷阻抗 Ω 表示。

（2）一次额定电流：允许通过电流互感器一次绕组的用电负荷电流。用于电力系统的电流互感器一次额定电流为 5～25 000A，用于试验设备的精密电流互感器为 0.1～50 000A。电流互感器可在一次额定电流下长期运行，负荷电流超过额定电流值时叫做过负荷，电流互感器长期过负荷运行，会烧坏绕组或减少使用寿命。

（3）二次额定电流：允许通过电流互感器二次绕组的一次感应电流。

（4）额定电流比（变比）：一次额定电流与二次额定电流之比。

（5）额定电压：一次绕组长期对地能够承受的最大电压（有效值以 kV 为单位），应不低于所接线路的额定相电压。电流互感器的额定电压分为 0.5、3、6、10、35、110、220、330、500kV 等电压等级。

（6）准确度等级：表示互感器本身误差（比差和角差）的等级。电流互感器的准确度等级分为 0.001~1 多种级别，与原来相比准确度提高很大。

（7）比差：互感器的误差包括比差和角差两部分。比值误差简称比差，一般用符号 f 表示，它等于实际的二次电流与折算到二次侧的一次电流的差值，与折算到二次侧的一次电流的比值，以百分数表示。

（8）角差：相角误差简称角差，一般用符号 δ 表示，它是旋转 180° 后的二次电流向量与一次电流向量之间的相位差。规定二次电流向量超前于一次电流向量 δ 为正值，反之为负值，用"分"为计算单位。

（9）稳定及动稳定倍数：电力系统故障时，电流互感器受到由于短路电流引起的巨大电流的热效应和电动力作用，电流互感器应该有能够承受而不致受到破坏的能力，这种承受的能力用热稳定和动稳定倍数表示。热稳定倍数是指热稳定电流 1s 内不致使电流互感器的发热超过允许限度的电流与电流互感器的额定电流之比。动稳定倍数是电流互感器所能承受的最大电流瞬时值与其额定电流之比。

3.9.3 电子式电流互感器

近几年随着电网结构的不断升级，输电线路电压升高到超高压与特高压，世界首个柔性直流输电工程这一崭新的运行模式也正式投入运行，传统的电流互感器已暴露出一系列内在的、致命的缺点，主要表现在：大故障电流导致铁芯磁饱和从而无法记录故障电流的实际大小及变化过程；铁磁共振效应；铁芯大电感导致相位滞后并使频响受限无法记录故障电流高频分量，不利于故障分析；二次输出端开路导致高压危险；体积与质量均大；不易与后续数字设备连接等。

与其相比，电子式电流互感器（Electronic Current transformer，ECT）则表现出截然相反的优点：无磁饱和；几乎无滞后效应；由光路输出，无二次输出端开路导致高压的危险，因此可在不切断一次电流的情况下维修二次电路；体积小、质量轻；不易受电磁干扰；易于与后续数字设备连接等。故用电子式互感器取代现在普遍使用的传统电流互感器已成为必然趋势。

所谓 ECT，就是采用电磁感应技术、电磁屏蔽技术、偏振光学技术、专用玻璃设计制造加工与退火技术、精密机械加工技术、计算机技术、模拟与数字信号处理技术、光通信技术等设计与制造的、具有并扩展了传统互感器所有功能的、可取代传统互感器的新型电流互感器。ECT 是一大类采用现代技术的新型 TA 的总称。按照是否需要向其高压部分供电，其可分类为有源式 ECT 与无源式 ECT 两大类。

其中有源式 ECT 在其高压部分采用新型高饱和电流精密电流互感器或空芯线圈（罗氏线圈）作为一次电流传感元件，将电流信息经过数字处理器（DSP）或单片机及相关电子线路处理并转换成光信号后，经光纤传到低压部分（多数在控制室内），再经后续处理形成二次输出的模拟或数字信号；无源式 ECT 在其高压部分采用光学元件（光纤或光学玻璃元件）对一次电流传感后，直接将带有一次电流信息的光信号经光纤传到低压部分，再经后续处理形成二次输出的模拟或数字信号，又称光学式电流互感器（Optical current transducer，OCT）。

这两类 ECT 在工作原理上有根本性的区别：有源型 ECT 仍采用电磁感应作为其一次传感原理；无源型 ECT 则对传统 TA 进行了根本性的变革，采用磁光效应作为其一次传感原理。由于这种本质上的差别，使得无源型 ECT 具有一系列有源型 ECT 不具备的优点，包括其高压部分因不需要电子线路而具有更加简洁的结构与更可靠的耐冲击或浪涌电流的能力与绝缘能力；因其一次传感元件为光学器件，因此不存在铁心的影响而具有更快的响应速度与更宽的响应带宽，使其有可能被用做故障录波等其他用途。

3.9.3.1 有源型电子式电流互感器

以 PCS‐9250 型直流电子式电流互感器为例介绍其原理，它是利用分流器传感直流电流、利用空芯线圈传感谐波电流、利用基于激光供电的远端模块就近采集分流器及空芯线圈的输出信号，输出信号通过光纤进行传输，利用光纤绝缘子保证绝缘，远端模块置于独立的密闭箱体内，其安装方式为支柱式安装如图 3‐14 所示。

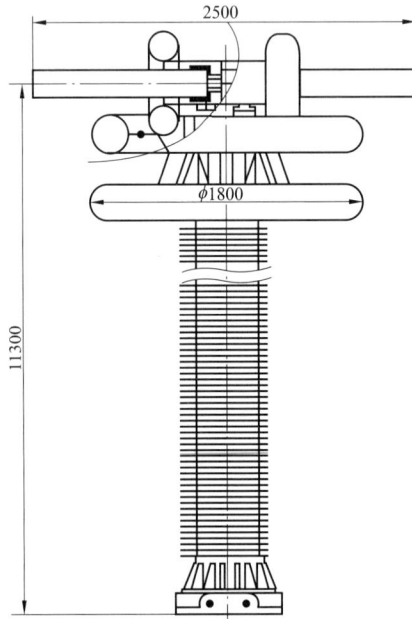

图 3‐14 支柱式直流电子式电流互感器

PCS‐9250 型直流电子式电流互感器主要由四部分组成如图 3‐15 所示。

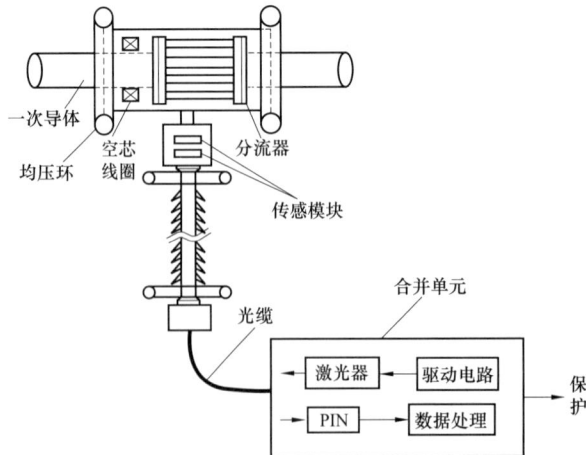

图 3‐15 直流电子式电流互感器总体方案图

一次传感器，一次传感器包括一个分流器及一个空芯线圈，分流器用于测量直流电流，空芯线圈用于测量谐波电流。

远端模块，远端模块也称一次转换器。PCS-9250型直流电子式电流互感器可根据工程需求配置多个完全相同的远端模块，满足直流工程多重化冗余配置需求，保证电子式电流互感器具有较高的可靠性。远端模块接受处理分流器及空芯线圈的输出信号，远端模块的输出为串行数字光信号。远端模块的工作电源由位于控制室的合并单元内的激光器提供。

光纤绝缘子，绝缘子为内嵌光纤的复合绝缘子（悬式或支柱式），光纤绝缘子采用先进工艺技术使光纤免受损伤，绝缘可靠。绝缘子内可根据工程需要嵌入多根62.5、125μm的多模光纤，留有足够的备用光纤。

合并单元，合并单元置于控制室，合并单元一方面为远端模块提供功能激光；另一方面接收并处理远端模块下发的数据，并将测量数据按规定的协议（TDM总线或IEC60044-8标准）输出供二次设备使用，合并单元亦可输出模拟信号供二次设备使用。合并单元与远端模块之间以光缆相联。

PCS-9250型直流电子式电流互感器信号传输回路如图3-16所示。

直流电子式电流互感器利用分流器传感直流电流，利用空芯线圈传感谐波电流，分流器的输出信号正比于被测直流电流。空芯线圈的

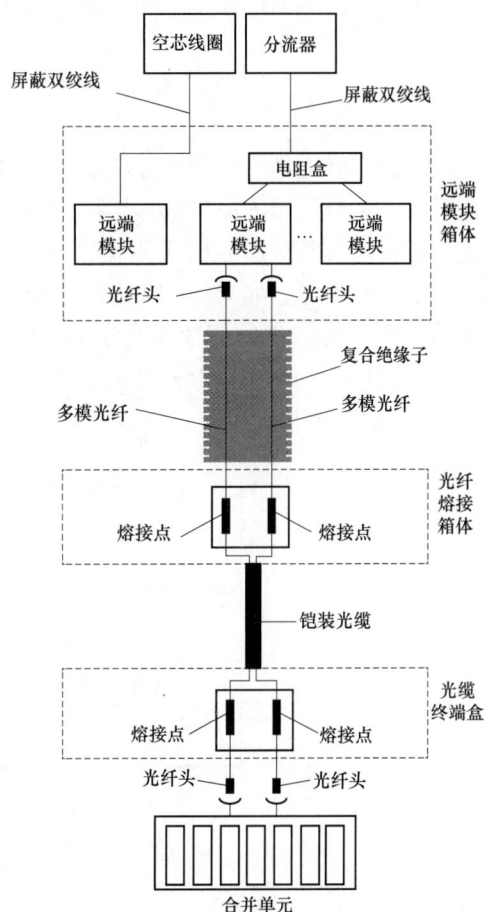

图3-16 直流电子式电流互感器信号传输回路

输出信号正比于被测稀薄电流的微分，分流器及空芯线圈的输出信号利用屏蔽双胶线传至电阻盒（信号分配盒），电阻盒将分流器的输出信号分配给多个远端模块进行处理。

远端模块置于绝缘子顶部的远端模块箱体内。远端模块式密封结构，具有很好的防雨水及灰尘能力，防护等级IP67。远端模块对来自分流器及空芯线圈的信号进行滤波、放大、模数变换、数字处理及电光变换，将被测直流电流及谐波电流转换为数字信号的形式输出，远端模块的工作电源由合并单元内的激光器提供。每个端模块有一个光纤发射头一个光纤接收头。每个远端模块均封装在不锈钢壳体内，远端模块壳体与绝缘子顶部的远端模块箱体具有可靠的电连接，远端模块箱体通过专用金属导线与高压一次导体相连，保证远端模块及远端模块箱体与一次导体等电位。

（1）分流器。

分流器串联于一次回路中，用于直流电流的传感测量。分流器采用基于锰铜的鼠笼式结构，具有很好温度稳定性及散热性能。

（2）空心线圈。

空芯线圈用于传感谐波电流。空芯线圈的输出信号是一次谐波电流的微分，根据下式空心线圈的输出信号便可求出不同频率的谐波电流。

$$e(t) = -\mu_0 ns \frac{\mathrm{d}i}{\mathrm{d}t} = -2\pi\mu_0 nsf_i$$

（3）电阻盒。

电阻盒实际上是一个信号分配盒，其作用是将一路模拟信号转换为多路信号输出通过电阻盒可将一路分流器的输出信号转换为多路模拟信号给多个远端模块进行处理。直流电子式电流互感器配有两种型号的电阻盒：NR1461A 及 NR1461B。NR1461A 用于带有空芯线圈的直流电流互感器，如图 3-17 所示，SHUNT 输入端的信号等值分配给 CH1-CH6 六个输出端，ROS 输入端的信号等值分配给 CH7 和 CH8 两个输出端。

注：若远端模块的配置数量超过 8 个，则还有 12 口输出的电阻盒 NR1461C 及 NR1461D 可供选用。

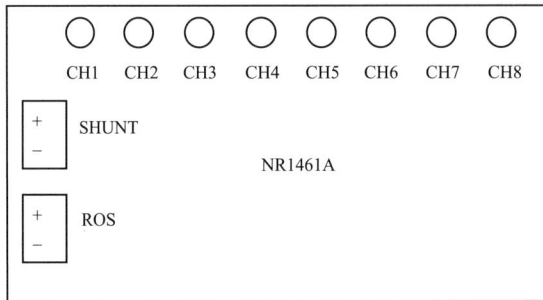

图 3-17　电阻盒 NR1461A

NR1461B 用于不带空芯线圈的直流电流互感器，如图 3-18 所示 SHUNT 输入端的信号等值分配给 CH1-CH8 八个输出端。

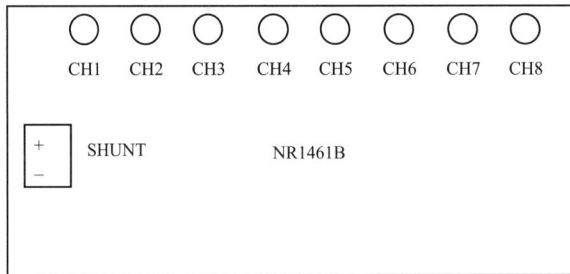

图 3-18　电阻盒 NR1461B

（4）远端模块。

远端模块接收并处理分流器货空芯线圈的输出信号，远端模块的输出为串行数字光信号。远端模块的工作电源由位于控制室的合并单元内的激光器提供。每个远端模块有一个模拟量输入端用以接收分流器或空芯线圈的输出信号，一个光纤接收头用以接收激光，一个光纤发射头用以发送数字信号。远端模块 NR1458E 用以处理分流器的输出信号，NR1458F 用

纤发射头用以发送数字信号。远端模块 NR1458E 用以处理分流器的输出信号，NR1458F 用以处理空芯线圈的输出信号，如图 3-19 所示。

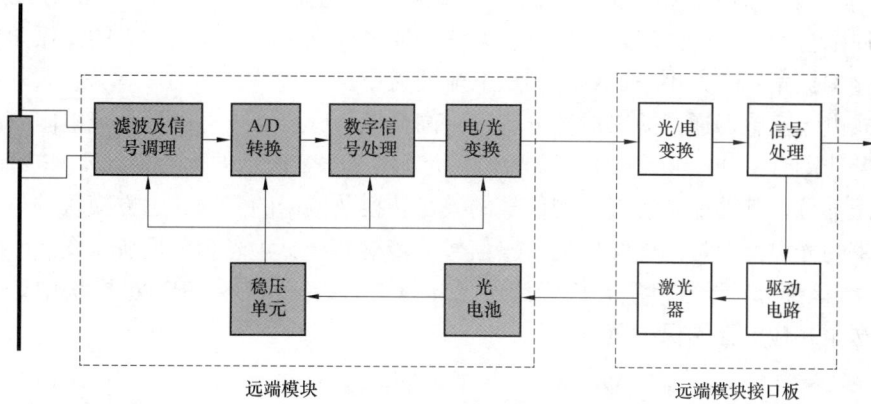

图 3-19 远端模块原理框图

远端模块 NR1458E 安装在一次高压侧，远端模块就地采集一次传感器的模拟信号通过多模光纤，将采样数据送给低压侧控制室内合并单元的远端模块接口板 NR1125 板卡。如图 3-20 所示。远端模块接口板 NR1125 也通过多模光纤发送激光能量，给高压侧的远端模块供电。一块远端模块接口板 NR1125 可同时与三个远端模块 NR1458E 连接，合并单元中 NR1125 板卡根据需求可方便扩展 2～3 块。合并单元将采样数据合并并打包通过 TDM 总线（或 IEC60044-8）将数据帧送给 PCS-9500 直流控制保护系统，合并单元亦可输出模拟信号。

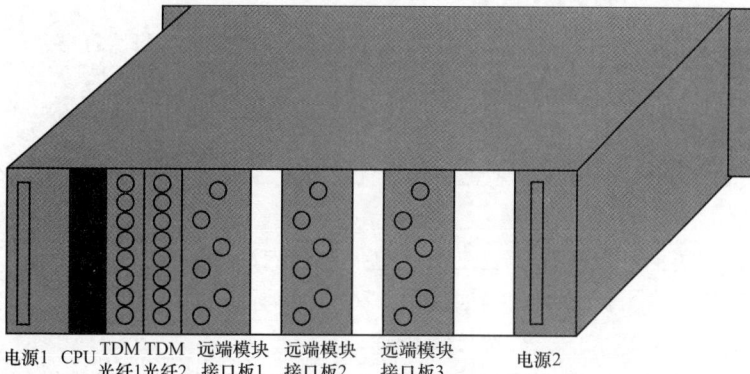

图 3-20 合并单元

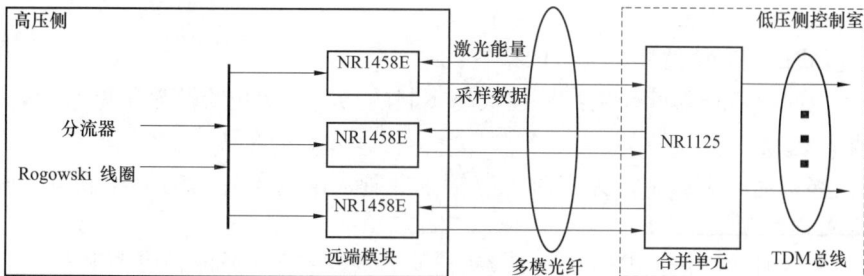

图 3-21 一次传感器、NR1458E 和 NR1125 间信号连接框图

3.9.3.2 无源型电子式电流互感器

无源型电子式电流互感器又称光电式电流互感器，特点是一次传感器为磁光玻璃，无需电源供电。其工作原理是基于法拉第磁光效应来进行电流的测量，即当一次导线通过电流时，导线周围会产生磁场强度，当一束线偏阵光通过该磁场时，线偏阵光的偏振角度会发生偏振，通过偏振角 θ 的大小来计算所测量电流的大小。

光电式电流互感器通常的组成部分有：①高精度的分流器，可以是分流电阻，也可以是罗果夫斯基线圈（Rogovski Coil）。②光电模块（图3-22所示的远端模块）。该部分也位于装置的高压部分，其功能是实现被测信号的模块转换及数据的发送。远方模块的电子器件是位于控制室的光电源通过的光纤供电。③信号的传输光纤。④光接口模块（图3-22所示的就地模块）。该部分位于控制室，用于接受光纤传输的数字信号，并通过模块中处理芯片的检验控制送至相应的控制保护装置。

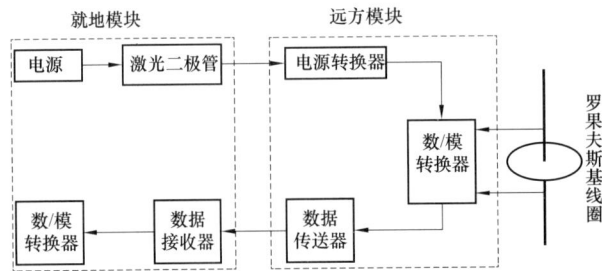

图3-22　光电式电流互感器测量装置结构示意图

3.9.4 运行维护

3.9.4.1 油浸式电流互感器运行维护

（1）油浸式电流互感器的正常巡视项目：

1）桩头与接点无过热机松动现象，引线无断股，弧度适中，定期用红外测温仪进行测温；

2）瓷质部分应清洁、无破损、裂纹及放电痕迹，内部无异声；

3）油位、油色正常，无渗油、漏油现象，外壳无锈蚀；

4）外壳接地是否良好，一、二次接线正确；

5）检查电流互感器中二次绕组有无开路现象，二次回路的电缆及导线无锈蚀和损伤现象；

6）压力指示应在正常区域内。

（2）油浸式电流互感器异常天气的检查：

1）当大风时应检查附近有无容易被吹动飞起的杂物，防止吹落至带电部分，并注意引线摆动情况；

2）当大雾、毛毛雨、小雪天气时，应检查套管、绝缘子有无电晕和放电、闪络现象、接头处有无冒热气现象；

3）大雪天气时，应检查引线接头是否有积雪，观察融雪速度，以判断接头是否过热，检查套管出线间有无积雪、挂冰情况，油位计、气体密度继电器有无积雪覆盖现象；

4）雷雨后，应检查套管有无破损、裂纹及放电现象；

5）高温和高负荷时应检查油位情况，加强设备接头温度的红外测温工作；

6）当夜巡时，注意观察引线接头处、线卡，有无过热发红现象；

7）当事故情况下，重点检查油位情况；

8）节日期间需要加强流变运行情况的巡视检查。

（3）油浸式电流互感器的运行规定：

1）电流互感器二次回路严禁开路；

2）新投运电流互感器或二次接线改动后，应做带负荷试验；

3）电流互感器退出运行检修时，应采取下列措施：确认一次已经停电的情况下，将二次回路全部断开并短接。

（4）油浸式电流互感器的异常运行和处理：

1）电流互感器出现以下情况，应立即汇报调度，将其退出运行：

（a）本体和油箱严重漏油；

（b）内部有严重的不正常声响；

（c）瓷套有严重的破损和放电现象；

（d）引线连接部位严重发热。

2）电流互感器二次回路开路由下列现象判断：

（a）电流遥测没有指示或指示不正常；

（b）功率遥测变小或电度表读数不正常；

（c）电流互感器内部有异声；

（d）电流互感器二次开路时，如当时负荷轻，情况不严重（无异声或冒烟现象）可立即汇报调度和站部。如情况严重，有爆炸燃烧可能，影响设备和人身安全时，可以先拉开该开关再向调度和站部汇报。二次开路处设备已着火，应立即断开电源，进行灭火。

3.9.4.2 电子式电流互感器运行维护

（1）巡视检查：

1）外观无异常，高压引线、接地线等连接正常；

2）本体无异常响声或放电声；

3）瓷套无裂纹，复合绝缘外套无电蚀痕迹或破损；

4）无影响设备运行的异物；

5）二次接口装置无异常告警。

（2）特殊巡视：

1）气温骤变时应增加巡视频次。

2）雷雨、冰雹后应增加巡视频次，重点检查引线摆动情况及有无断股现象。设备上有无异物，瓷套管有无放电痕迹及破裂现象，避雷器放电记录仪动作情况等。

3）浓雾、小雨、下雪时应增加巡视频次，重点检查瓷套管有无沿表面闪络和放电现象，各接头在小雨中和下雪后不应有水蒸气上升或立即融化现象。

4）大雨天气后应增加巡视频次，重点检查各控制箱和二次端子箱、机构箱有无进水、受潮现象，温控装置是否工作正常。

5）设备过负荷或负荷剧增、超温、发热、系统冲击、跳闸、有接地故障情况时，应增加巡视频次。

6）设备新投入运行，设备变动，设备经过检修、改造或长期停运后重新投入运行后，应增加巡视频次。

7）迎峰度夏、迎峰度冬及特殊保电期间，应增加巡视频次。

8）设备存在缺陷和隐患时，应根据设备具体情况增加巡视频次。

3.9.4.3 光电式电流互感器运行维护

（1）运行规定。

1）光电式电流互感器测量传输环节中的模块应由两路独立电源或者两路电源经 DC/DC 转换耦合后供电，每路电源具有监视功能。

2）光电式电流互感器传输回路应根据当地气候条件选用可靠的防振、防尘、防水光纤耦合器，户外接线盒必须至少满足 IPv6 防尘防水等级，且有防止接线盒摆动的措施。

3）光电式电流互感器本体应至少配置一个冗余远端模块，该远端模块至控制楼的光纤应做好连接并经测试后作为热备用。对于光电式电流互感器确无空间再增加远端模块的，可不安装备用模块，但应具备停运后更换模块的功能。

4）光电式电流互感器、光纤传输的直流分压器二次回路应有充足的备用光纤，备用光纤一般不低于在用光纤数量的 100％，且不得少于 3 根，防止由于备用光纤数量不足导致测量系统运行可靠性降低。

（2）巡视检查。

1）外观检查。

2）外绝缘表面清洁、无裂纹及放电现象。

3）设备外涂漆层清洁、无锈蚀、漆膜完好。

4）底座、支架牢固，无倾斜变形。

5）光电流、功率、奇偶校验错误次数等参数监视。

6）光通道光功率、光电流在设备运行正常范围。

7）通道奇偶校验错误次数，若奇偶校验值增加较快，检查光通道以及相关板卡。

（3）故障处理。

1）传感器故障：

（a）导致光电式电流互感器测量电流不正确，从而引起保护误动作。

（b）导致光电式电流互感器监视数据不正常、光功率测量数据偏大、奇偶检验值高，从而发出告警或引起控制保护主机退出运行。

2）光纤回路故障：

（a）光纤头不清洁、连接不好或光纤回路损耗大，可能导致光电流互感器发奇偶检验值高警报，控制系统主机退出运行。

（b）光纤出现问题后，需要对光纤的接头和光信号传输情况进行检查。使用光纤测试仪的波形分析功能检查回路是否完好，使用光纤显微镜检查接头是否污损。

（c）处理的主要手段有清洁处理光纤头，重新制作光纤头和更换备用光纤等。

3）光接口板故障：

控制系统主机内光接口板故障相对较少，处理时更换光纤接口板，若确认为光接口板的发光装置等元件故障，亦可更换元件处理。光接口板更换的时候安装板卡程序，同时注意部分接口板需修改激光跳线。

4）光电式电流互感器立即停用项目：

（a）光电式电流互感器支持绝缘子有沿面放电痕迹。

（b）光电式电流互感器内部有异响声。

（c）光电式电流互感器内部温度或其连接处温度持续升高。

3.10 电压互感器

3.10.1 工作原理

3.10.1.1 传统电压互感器的工作原理

电压互感器按绝缘结构可分为电磁式电压互感器和电容式电压互感器。电压互感器的主要作用是将一次侧的高电压转变成二次回路的标准低电压，用于测量和保护。

电磁式电压互感器：其结构与变压器类似，利用电磁感应的原理，在闭合的磁路上，将一次侧的高电压转变成二次侧的低电压。由于电压互感器二次侧的负荷比较恒定，所测量仪表和继电器的电压线圈阻抗很大，因此，在正常运行时，电压互感器接近于空载状态。电压互感器二次电压统一为 100（$100/\sqrt{3}$ V）。

电容式电压互感器：电容式电压互感器简单来说就是利用串联电容分压的原理来将一次侧的高电压转变成二次侧的低电压。电容式电压互感器主要包括电容分压器和电磁装置两部分。电容分压器由高压电容器和串联电容器组成，电容分压器由 1～3 节耦合电容器串联而成，其主要作用就是分压。电容式电压互感器除了具有电磁式电压互感器的作用外，还可以兼做耦合电容器，与电力系统载波机相连，作高频载波通道使用。主要用于测量、继电保护、同步检测、遥测和监控等。

3.10.1.2 电子式电压互感器的结构原理

电子式电压互感器由直流高压分压器、电阻盒（低压分压板）、远端模块及合并单元组成，直流高压分压器按原理划分可分为电阻分压器与阻容分压器，采用电阻分压原理的直流高压分压器的电路原理见图 3 - 23（a）。从图 3 - 23（a）可见，用 R_1 和 R_2 构成直流分压回路，以 R_2 的电压作为直流放大器的输入电压信号，经放大后取得与直流电压 U_d 成比例的电压 U_2 输出。若要达到时间响应更快的效果，可改用图 3 - 23（b）所示的阻容原理分压器。由于直流电压互感器的高压电阻 R_1 阻值较大，承受高电压，因此一般是采用充油或充气结构。

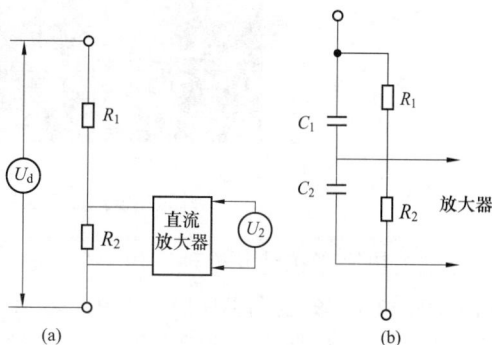

图 3 - 23　直流高压分压器电路原理图
（a）电阻分压的直流高压分压器；
（b）阻容分压的直流高压分压器

舟山柔性直流工程换流站内电子式电压互感器内部的直流高压分压器为阻容分压结构，均固定安装在硅橡胶符合绝缘套管内部，并充有 SF$_6$ 气体，如图 3-24 所示。利用精密电阻分压器传感直流电压，并联电容分压器均压并保证频率特性，整体结构是由多节阻容单元串联而成（根据互感器的电压等级来设计串联级数），单节阻容单元由若干个高压电阻及单节电容器并联而成，分压器上节为高压臂阻容单元 R_1/C_1，下节为低压臂阻容单元 R_2/C_2，低压臂单元经二次输出进入 RTU 电阻盒转换单元。

电阻盒的作用是对直流分压器的输出信号进行二次分压，同时将信号分配给多个远端模块使用，起作用等同于图 3-23 所示的直流放大器。其设计是由多个并接的阻容电压回路组成，从而具有多个相对独立的输出信号，每个信号连接一个远端模块，从而使得多个远端模块采样信号相对独立，互不影响，其外观

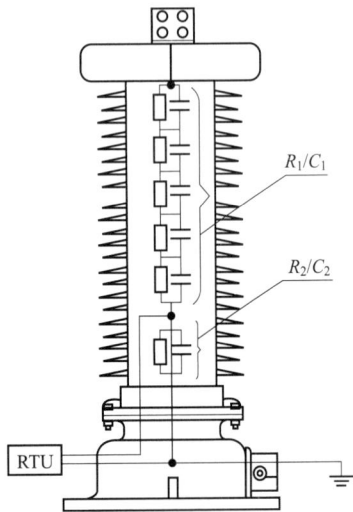

图 3-24 直流高压分压器结构示意图

及安装位置图如图 3-25 所示，被标注的位置即为该电压互感器电阻盒的安装位置。

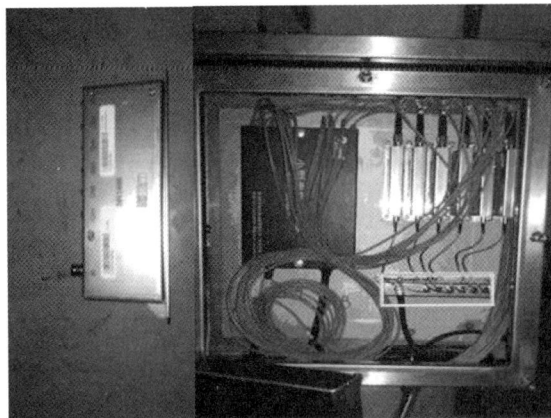

图 3-25 光学式电压互感器的电阻盒及安装位置图

远端模块用于接受并处理直流分压器的输出信号，其输出为数字光信号，由位于主控室的合并单元内的激光器提供工作电源。每个远端模块由一个模拟量输入端用以接收分压器经电阻盒后的输出信号，一个光纤接头用于接收激光能量，另一个光纤接头用以发出数字信号。其原理图如图 3-26 所示。

位于控制室的合并单元一方面可以为远端模块提供激光能量，另一方面接受并处理远端模块下发的数据，并将数据帧送给直流控制保护系统，其原理图如图 3-27 所示。

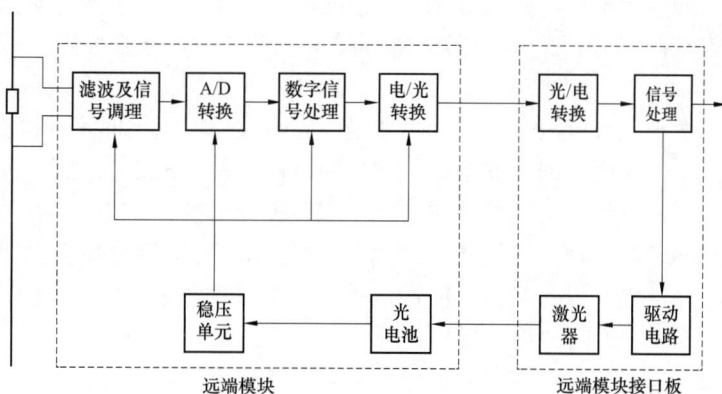

图 3-26　远端模块原理图

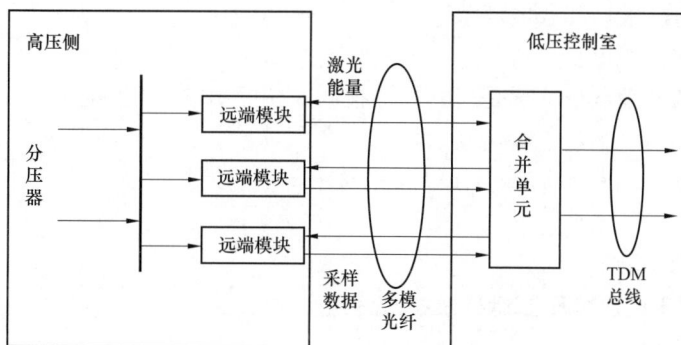

图 3-27　分压器、远端模块及合并单元间信号连接图

3.10.2　运行维护

3.10.2.1　电容式电压互感器运行维护规程

（1）电容式电压互感器的运行规定。

1）电压互感器二次回路严禁短路；

2）电压互感器检修时，不仅要把一次侧断开，还应将二次回路全部断开，以防二次回路倒送电，送电前应检查二次回路开关闭合良好；

3）电压互感器在额定容量下允许长期运行，运行电压不超过额定电压的110%；

4）新投运电压互感器或二次接线改动后，应进行核相；

5）电压互感器改运行一般应先操作高压侧，后操作低压侧；停用时操作顺序相反；

6）停用压变时应考虑对继电保护装置和自动化装置的影响。

（2）电容式电压互感器（CTV）日常巡视。

在现场巡视中，应注意各节电容器和基座箱是否漏油，并检查基座箱油位。如发现瓷套上有油迹，应停电做进一步检查，膨胀器本身漏油，则应更换。

在运行中如发现次级电压偏低或消失，可先将熔丝或小开关切断，如次级端子电压恢复正常，则说明次级回路有短路或过负荷现象；如电压仍不正常，则可能是中间变压器次级绕

85

组对地绝缘不良，或中间电压回路有开路、引线接触不良或补偿电抗器故障等现象，经检查中间电压回路如无故障，则可能电容器内部连接断开或 C_2 电容器故障，应做进一步检查处理。

在运行中，如发现次级电压过高，则可能是电容器故障，应立即停役检查；如发现次级电压波动，则可能是中间电压回路或次级接线的间歇性开路或短路造成的；如发现电压波形畸变，则可能是抑制铁磁谐振的滤波装置失效，应检查或更换。

CTV 的定期维修工作内容包括：清洁瓷套和插座箱，对电容分压器及基座箱各部件进行外部检查，并处理缺陷；进行绝缘预防性试验；必要时对金属部件进行油漆。

（3）电容式电压互感器的异常运行和处理。

电压互感器出现以下情况，应立即汇报调度，将其退出运行：

1）本体和油箱严重漏油；

2）内部有严重的不正常声响；

3）瓷套有严重的破损和放电现象；

4）引线连接部位严重发热；

5）电压互感器发生以下情况是应立即汇报调度，停用电压互感器；

6）电压互感器初级熔丝连续熔断 3 次；

7）电压互感器内部发生异声并有冒烟和臭味，喷油或发生燃烧，或伴有母线电压表指示偏高；

8）瓷件破裂大量漏油。

3.10.2.2 直流电压分压器运行维护规程

（1）运行规定。

1）在恶劣天气（大雪、大雾、大雨、毛毛雨等）下，利用红外测温或紫外电晕测试仪来监测，必要时可申请将直流系统降压运行；

2）年度检修期间，测试硅胶护套的憎水性，若发现憎水性超出规定值，则喷涂防污闪涂料；

3）定期使用压缩空气的除尘器或干净的纺织布料清洁绝缘子。污垢程度较轻时，用清水洁净；较重污染时，使用 5%的清洁剂水溶液。

（2）巡视检查。

1）常规巡视。

（a）检查密封性是否良好，包括本体渗漏油情况，油气压力是否正常。

（b）检查设备是否有异常声响。

（c）检查瓷套及复合绝缘外套表面是否有异物、电蚀或破损。

（d）检查基础有无破损或开裂，基础有无下沉，支架是否锈蚀或变形。

（e）检查引流线无异常，检查接地引下线是否松动或脱落。

（f）检查二次电压变化量是否正常。

2）特殊巡视。

（a）气温骤变时，应增加巡视频次，重点检查油位是否有明显变化，各密封处有无渗漏油现象，各连接引线是否有断股或接头处发红现象。

（b）雷雨、冰雹后应增加巡视频次，重点检查引线摆动情况及有无断股，设备上有无其他杂物，瓷套管有无放电痕迹及破损现象，避雷器放电记录仪动作情况等。

（c）浓雾、小雨、下雪时应增加巡视频次，重点检查瓷套管有无沿表面闪络或放电。

（d）大雨天气后应增加巡视频次，重点检查各控制箱和二次端子箱、机构箱有无进水、受潮，温控装置是否正常工作。

（e）设备过负荷或负荷剧增、超温、发热、系统冲击、跳闸、有接地故障情况时，应增加巡视频次。

（f）设备新投入运行，设备变动，设备经过检修、改造或长期停运后重新投入运行后，应增加巡视频次。

（g）迎峰度夏、迎峰度冬及特殊保电期间，应增加巡视频次。

（h）设备存在缺陷和隐患时，应根据设备具体情况增加巡视频次。

3.11 避 雷 器

用于保护电气设备免受高瞬态过电压危害并限制续流时间也常限制续流赋值的一种电器。避雷器有时也称为过电压保护器，过电压限制器（surge divider）。

3.11.1 工作原理

避雷器是连接在导线和地之间的一种防止雷击的设备，通常与被保护设备并联。避雷器可以有效地保护电力设备，一旦出现不正常电压，避雷器产生作用，起到保护作用。当被保护设备在正常工作电压下运行时，避雷器不会产生作用，对地面来说视为断路。一旦出现高电压，且危及被保护设备绝缘时，避雷器立即动作，将高电压冲击电流导向大地，从而限制电压幅值，保护电气设备绝缘。当过电压消失后，避雷器迅速恢复原状，使系统能够正常供电。避雷器的主要作用是通过并联放电间隙或非线性电阻的作用，对入侵流动波进行削幅，降低被保护设备所受过电压值，从而达到保护电力设备的作用。

避雷器不仅可用来防护大气高电压，也可用来防护操作高电压。如果出现雷雨天气，电闪雷鸣就会出现高电压，电力设备就有可能有危险，此时避雷器就会起作用，保护电力设备免受损害。避雷器的最大作用也是最重要的作用就是限制过电压以保护电气设备。避雷器是使雷电流流入大地，使电气设备不产生高压的一种装置，主要类型有管型避雷器、阀型避雷器和氧化锌避雷器等。每种类型避雷器的主要工作原理是不同的，但是它们的工作实质是相同的，都是为了保护电力设备不受损害，下面主要介绍直流避雷器的特点。

由于直流输电系统的复杂性和特殊性，直流避雷器相对于交流避雷器区别很大。直流避雷器种类多、性能参数差别大，产品规格型号难于统一和实现标准化。按照安装位置和作用的不同，直流避雷器大致可分为阀避雷器、直流中点母线避雷器、换流桥避雷器、换流器直母线避雷器、直流母线避雷器、直流线路避雷器、中性母线避雷器、直流滤波器避雷器、平波电抗器避雷器等。

由于承受的工况不同，直流避雷器在保护水平和能量耐受水平上差别很大，而且对于不同的工程，都需要根据具体工程的系统仿真和过电压及绝缘配合研究结果确定避雷器的配置方案和参数要求。因而不同工程的直流避雷器都是按照工程需要配置的，无法采用和交流避雷器一样的方式进行标准化。

直流避雷器工况复杂，承受叠加高频分量的持续运行电压和复杂的过电压。直流避雷器上的持续运行电压包含直流分量、基频和谐波分量。安装在不同位置的直流避雷器承受的运行电压是各不相同的。

直流输电系统中的内部过电压产生的原因、发展的机理、幅值、波形是多种多样的，要比交流系统的情况复杂许多。直流避雷器承受的过电压情况和其安装位置、直流工程的参数和运行方式、故障类型等等有关。直流避雷器在各种波形下的功率损耗特性不同，老化特性有很大差别。

由于直流场作用下更容易积污，所以对于直流避雷器提出更高的耐污秽能力要求，包括直流避雷器外部爬距的要求和污秽条件下直流避雷器的稳定性。

3.11.2 运行维护

（1）避雷器的正常运行的检查项目：

1）瓷套管是否清洁，有无裂纹和放电痕迹，内部有无异声；

2）引线有无断股和烧伤现象，接头连接是否良好；

3）接地引下线是否牢固，有无锈蚀现象；

4）避雷器计数器是否良好，有无动作；

5）基架有无倾斜，断裂等现象；

6）雷雨时，不宜对户外避雷器进行巡视检查，雷雨过后应按上述要求进行检查；

7）氧化锌避雷器工频泄漏电流正常不得超过 0.75mA。

（2）避雷针和接地装置的检查项目：

1）避雷针有无歪斜、锈蚀现象；

2）避雷针接地引线及螺丝螺帽是否锈蚀腐烂，接触不良等现象；

3）避雷针基础是否下陷，严重裂纹等现象；

4）变电所内设备、构架与接地网的连接点是否脱落，烂断现象；

5）独立避雷针的接地电阻不应大于 10Ω，主接地网的电阻应不大于 0.5Ω。

（3）避雷器的验收（检修后的检查验收项目）：

1）应提交的资料应完整，交接试验项目应无漏项，交接试验结果应合格。

2）现场制作件应符合设计要求，构架式安装的避雷器安装高度、构架及横担的强度应满足要求。

3）低栏式布置的避雷器与围栏距离、构架式安装的避雷器与其他设备或构架的距离应满足设计要求。

（4）运行中的要求和注意事项：

1）避雷器在雷雨季节不得退出运行（3 月 1 日～10 月 31 日），非雷雨季节如需退出运行，也必须得到有关部门同意。

2）电气设备、配电装置均应按调度部门编制的当年雷季运行方式运行。

3）雷雨天气，需要巡视室外高压设备时，应穿绝缘靴，并不得靠近避雷器和避雷针。

4）避雷器动作后应及时记录好专用记录簿，并分析动作原因。

5）避雷器和避雷针的接地装置应每年检查一次，发现断裂或严重锈蚀应及时处理。

6）独立避雷针的接地电阻每 6 年测一次，电阻值应不大于 10Ω，并与历次测量结果相比较，如发现差值较大，应引起重视。

7）全站接地网电阻每六年测量一次，电阻值应不大于 0.5Ω，并与历次测量结果相比较，如发现差值较大，应引起重视，找出原因，及时处理或采取措施。

8）严禁在装有避雷针、避雷器的建筑物上架设通信线和照明线等，若必须安装时，应采用直接埋入地下的铠装电缆或有金属护管的导线。

为保证人身和设备安全，所内的电气设备和外壳应有可靠保护接地，应接地部分如下：

1）电机、变压器、开关、照明设备及其他电器的金属底座和外壳；

2）电力设备的传动装置；

3）屋内外配电装置的金属或钢筋混凝土构架，以及带电部分的金属遮栏；

4）互感器的二次线圈；

5）配电盘、控制台（箱）、保护屏及动力箱有框架；

6）交直流电缆的接线盒、终端盒的外壳和电缆的金属层，导线的钢管，电缆支架等。

换流站内的接地网应保证其完整性，不得任意切断，若发现接地体严重腐蚀或接地螺丝、螺帽断裂、松动时应及时处理。

氧化锌避雷器泄漏电流表的运行规定如下：

1）出现异常，应立即汇报运检和调度部门，作相应处理。泄漏电流值表计指示不正常，如判断为泄漏电流表损坏则作为重要缺陷上报。

2）当表计读数大于或等于正常泄漏电流值 1.2 倍时，应增加巡视次数，以作判别依据。

3）当表计读数大于 1.4 倍时，及时报告有关部门，及时将该组氧化锌避雷器停役进行试验检查。

4）雷雨季节中应增加巡视次数，认真观察，认真记录，如有异常及时汇报。

发现联结变压器 220kV 中性点放电间隙有放电的痕迹，应及时汇报调度。

第 4 章

柔性直流输电控制系统

4.1 概　　述

柔性直流输电系统的控制分为四个层级，按其功能由高至低依此为系统级控制、换流站级控制、换流器阀级控制和换流器子模块级控制，如图 4-1 所示。

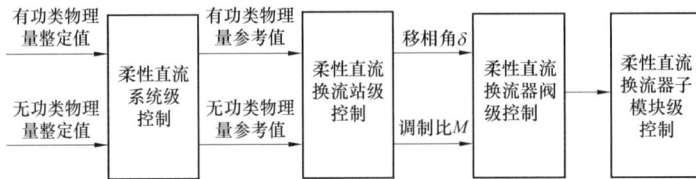

图 4-1　柔性直流分层控制原理图

（1）系统级控制。系统级控制是柔性直流输电控制系统中的最高级控制，其接收电力调控中心的有功类物理量整定值和无功类物理量整定值，并得到有功和无功类物理量的参考值作为换流站级控制的输入参考量。其中有功类物理量包括有功功率、直流电压、频率，无功类物理量包括无功功率和交流电压。因此，系统级控制包括有功功率类控制和无功功率类控制，在不同应用场合，应选取适当的有功类控制策略和无功类控制策略，且在运行过程中，可以由控制系统或运行人员根据需要进行改变。

（2）换流站级控制。该级控制接收系统级控制的有功和无功类物理量参考值，并得到脉宽调制的调制比 M 和移相角 δ，提供给换流器阀级控制的触发脉冲发生环节。根据 2.1 节介绍，移相角 δ 主要影响有功功率，调制比 M 主要影响无功功率（M 的变化影响换流阀网侧端口电压变化），且 δ 越小这种关系越明显。因此，可以通过改变相位角 δ 来控制有功功率，通过改变调制比 M 来控制无功功率。可见，换流站级控制是柔性直流输电系统控制中的核心部分。

（3）换流器阀级控制。该级控制的任务是接收换流站级控制产生的调制比 M 和移相角 δ，并通过适当的调制方式产生触发脉冲，最终实现对 IGBT 换流器阀的触发控制。

（4）换流器子模块级控制。该级控制的任务是接收换流器阀级控制产生的触发脉冲信号，根据触发脉冲信号，对子模块 IGBT 进行开通和关断控制。

4.2 系 统 级 控 制

系统级控制主要从调度要求与直流系统稳定运行角度确定多端系统的整体控制策略与各换流站的控制目标。当系统中有三个以上的换流站运行时，采用基于直流电压偏差控制的控制策略，其基本思想是选择某一换流站主控直流电压，并自动平衡系统的有功；其他换流站主控功率，但也设置直流电压控制器，其直流电压指令值依次增加一个偏差带，这样可以确保任何情况下整个系统的直流电压都可控，并且只被一个换流站控制。当无站间通信时，基于电压偏差控制的控制策略也能很好地维持系统的稳定运行。

基于电压偏差的控制策略主要适用于站间通信不正常时的直流电压控制，在通信正常时当定电压控制的换流站失去电压控制时可以通知其他换流站接管直流电压控制，并将直流电压控制在额定值。电压控制权的转移主要有两种情况：一种是因直流系统的功率过剩导致的直流电压升高；另一种是直流系统的功率不足导致的直流电压下降。当多端系统中从直流系统汲取功率的换流站退出或汲取功率减小或者向直流系统供给功率的换流站功率增大时，若定电压换流站向直流系统不能再增加所汲取的功率，则直流系统的功率将出现缺额，从而引起直流电压的下降。当多端系统中向直流系统供给功率的换流站退出或供给功率减小或者从直流系统汲取功率的换流站功率增大时，若定电压换流站向直流系统不能再增加所供给的功率，则直流系统的功率将出现缺额，从而引起直流电压的下降。

4.3 换流阀级控制

阀级控制的任务是接收换流站级控制产生的输出信号，并通过适当的调制方式产生触发脉冲，并据此触发可关断器件。因此阀级控制主要分为开关调制和可关断器件触发技术两部分。

（1）换流器阀触发技术。

柔性直流换流阀的触发方式主要为光电转化触发方式。光电转换触发方式将阀控系统得到的触发信号经阀基电子设备（VBE）转换成为光信号，通过光纤传送到每个 IGBT 的门极控制单元，在门极控制单元把光信号再转换成电信号，经放大后触发 IGBT 开关器件。换流阀触发保护系统如图 4-2 所示。

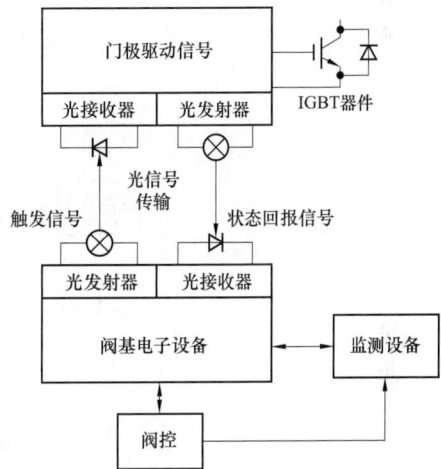

图 4-2　阀触发保护系统

（2）阀基电子设备。

阀基电子设备（VBE）是连接控制设备与控制对象的中间设备，是阀触发保护系统内各种信号和 IGBT 运行状态统计的汇集地，与 IGBT 门极驱动单元、监测设备、换流站控制保护系统、阀冷却系统泄露检测、高速旁路真空开关控制单元、保护晶闸管保护单元等设备都有信息交互。

（3）IGBT 门极驱动单元。

该单元的主要任务是向 IGBT 发送触发脉冲，并产生回报信号，发送给在线检测设备。门极驱动单元接收和发送信号均采用光纤传输，实现控制回路和触发电路的电器隔离。

（4）监测设备。

IGBT 监测设备通过光纤与阀控单元相连，通过电缆与换流站的站控系统相连，其主要功能是：①检测并定位故障子模块的位置；②当一个桥臂故障子模块数量超过规定冗余值时，将发出告警或跳闸信号给站控系统；③检测阀控制单元到子模块控制单元的光发射器和光接收器的裕度；④按时间顺序打印记录事件数据。

（5）光连接系统。

为了实现高压的电气隔离，阀触发保护系统中各设备之间的通信都是通过光信号进行的。

4.4 换流站级控制

换流站基本控制策略指为实现有功功率、无功功率、交流电压、直流电压等目标而采用的策略。目前换流站基本控制策略主要分为两种，即间接电流控制和直接电流控制，如图 4-3 所示。间接电流控制为开环控制，控制系统工作时依据交流系统基波电压、基波电流，计算出换流器应产生的逆变电压幅值、相角等信息，形成换流器的调制波信号。由于这种控制方式通过直接控制换流器的逆变电压而达到控制交流侧电流的目的，因而是一种间接电流控制。尽管间接电流控制简单，但属于开环控制，动态响应慢，对系统参数敏感。为克服间接电流控制的这些缺点，提出了具有网侧电流闭环控制特性的直接电流控制。由于采用闭环控制，直接电流控制具有很好的动态响应特性，且不再对系统参数敏感，在电压源换流器的控制系统中得到了广泛应用。

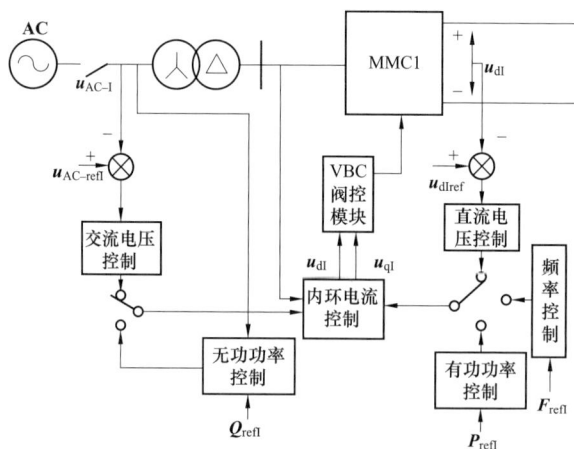

图 4-3 直接电流控制的控制结构框图

4.5 控制系统硬件结构

直流控制保护系统是整个柔性直流输电系统的大脑，实现对整个系统及所有设备的控制、监视和保护。换流站控制保护系统采用分布式结构、分层设计，自上而下可分为：站控层、控制保护设备层、现场 IO 层。

直流控制系统在整个控制保护系统中处于控制保护层，向上与站控层接口，向下与现场 IO 层接口。直流控制系统是整个换流站控制保护系统的核心，其主要功能是产生换流阀的电压调制波形，实现直流系统的起动、停运以及稳态运行。直流控制系统的控制结构和功能配置将直接决定直流系统功能扩展能力和运行可行性，同时也关系到直流控制系统自身的可靠性。

直流控制系统的整体硬件结构如图 4-4 所示（红色框内部分），从硬件结构上可分为两部分：

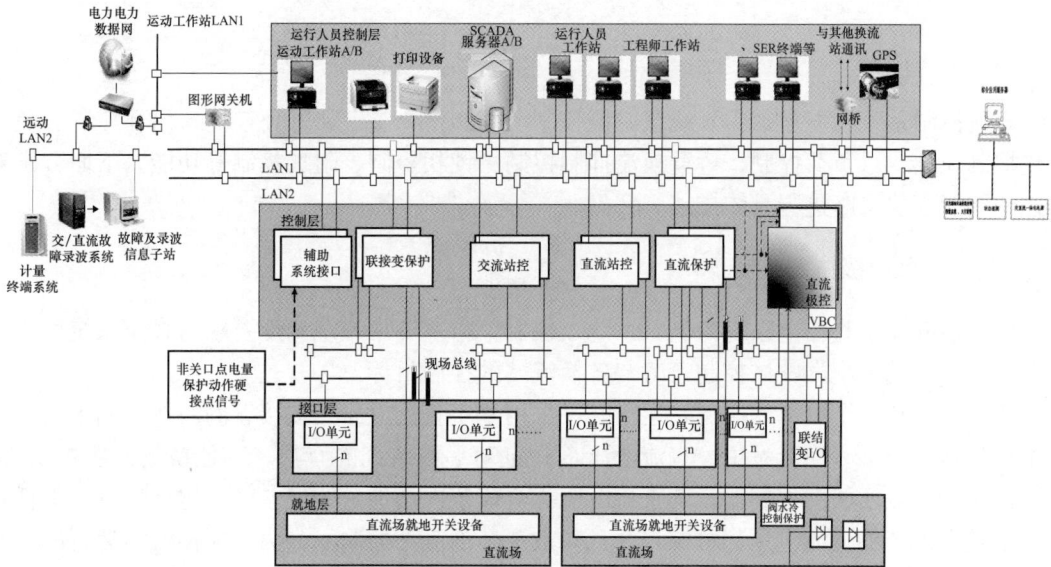

图 4-4 控制系统硬件结构

（1）控制保护主机及 IO 设备：直流控制保护采用了整体设计，包含了五端系统级、换流站级和换流阀级控制保护功能并集成在一台主机之内，完成直流控制系统的各项控制功能，实现与站 LAN 网的接口，与运行人员工作站以及远动工作站的通信，与站控、故障录波、直流系统保护、主时钟、安稳装置和现场总线的接口。

（2）分布式 I/O 设备及现场总线：负责直流控制系统所需要的各种模拟量和状态量的采集，实现与阀控 VBC、阀冷却控制保护子系统和联结变等就地控制设备的接口，完成对一次开关刀闸设备状态和系统运行信息的采集处理、顺序事件记录、信息上传、控制命令的输出以及就地连锁控制等功能，如图 4-5所示。

由于部分一次测量设备采用了光供电的电子式 TA、TV，其与控制保护设备的接口方式也由常规测量设备的模拟方式变为数字方式。直流测量系统与控制保护的接口均采用 IEC60044-8 国际通用标准协议，通过光纤进行传输。

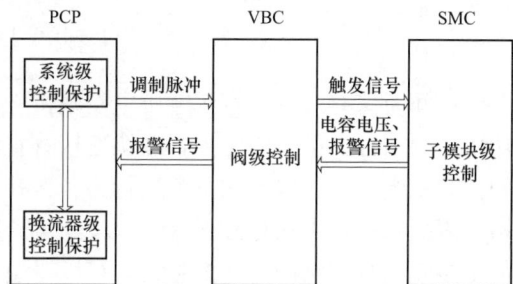

图 4-5 分布式 I/O 设备及现场总线图

直流控制保护系统和阀控单元均按照 A/B 套冗余配置，且 A 套控制保护与 A 套阀控系统直连，B 套控制保护与 B 阀控系统直连，两套相互独立。这部分功能直接决定了柔性直流输电系统的动态性能，因此需要高速可靠的交换数据，对接口的设计要求很高。本工程里控制保护系统与阀控系统的接口均采用 IEC60044-8 国际通用标准协议，通过光纤进行传输，保证信号高速、可靠传输。

4.6 控制系统功能说明

直流控制系统功能包括：系统级协调控制、控制指令整定、外环控制、内环控制、负序电流抑制控制、过负荷控制、桥臂换流抑制控制、锁相控制、附加控制等功能。下面分别对各控制功能模块策略进行具体描述。

4.6.1 系统级协调控制

以舟山五端柔直输电系统为例，系统级控制策略主要从系统调度要求与直流系统稳定运行角度确定五端系统的整体控制策略与各换流站的控制目标。

当系统中有三个以上的换流站运行时，采用基于直流电压无损接管的协调控制策略，其基本思想是选择某一换流站主控直流电压，并自动平衡系统的有功；其他换流站主控功率，但也设置直流电压辅助控制器，其直流电压指令值依次增加一个偏差带，这样可以确保任何情况下整个系统的直流电压都可控，并且只被一个换流站控制。当为五端换流站运行时，舟定换流站的容量最大，平衡系统功率的能力最强，因此选择舟定站作为直流电压主控站，舟岱站次之。基于电压偏差控制的控制策略示意图 4-6 所示。

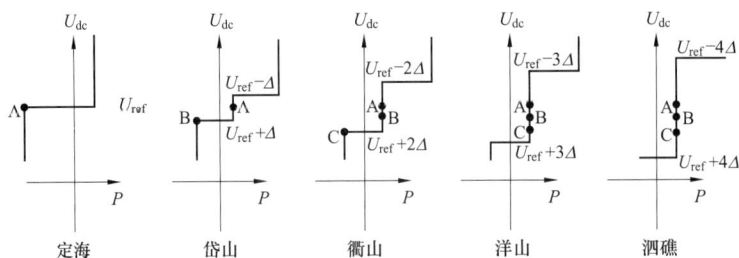

图 4-6 基于电压偏差控制的控制策略示意图

当站间通信有效时，直流电压主控站将失去直流电压控制能力的信号通过站间通信传送给功率控制站，由第一顺序接管站快速接管直流电压控制权，维持整个五端柔性直流输电系统的持续稳定运行。以五端系统运行为例，在站间通信正常时，当定电压控制的换流站（舟定站）因故障停运失去电压控制能力时，通过站间通信将实时状态通知接管站（舟岱站）。舟岱站接收到舟定站的停运信息后，可以迅速进行直流电压接管控制，将直流电压控制在额定值。有站间通信的情况下，舟岱站可以快速接管，且不需要进行偏差控制，因此系统扰动小。

当无站间通信或站间通信故障时，其他功率控制站可以采用基于电压偏差的直流电压控制策略，快速调节自身发出或吸收的有功功率，能很好地维持系统的稳定运行。电压控制权的转移主要有两种情况：一种是因直流系统的功率过剩导致的直流电压升高；另一种是直流系统的功率不足导致的直流电压下降。当五端系统中从直流系统汲取功率的换流站退出或汲取功率减小，或者向直流系统供给功率的换流站功率增大时，则直流系统的功率将过剩，从而引起直流电压的上升。当五端系统中向直流系统供给功率的换流站退出或供给功率减小或者从直流系统汲取功率的换流站功率增大时，若定电压换流站向直流系统不能再增加所供给的功率，则直流系统的功率将出现缺额，从而引起直流电压的下降。无站间通信的情况下，次级直流电压控制站需要进行偏差控制才能接管，且延时较长，因此接管过程中的系统扰动会比有通信情况下大。

舟山柔性直流系统运行时最有可能发生的是因直流电压下降引起的电压控制权转移。例如，假定舟定换流站向直流系统注入功率，其他四个换流站从直流系统汲取功率。若舟定换流站退出运行，直流电压会下降，则超过直流电压死区值后舟定换流站会接管电压控制权，从而维持直流电压稳定。若任一汲取功率的换流站退出运行或功率定值减小，则舟定换流站会自动减少功率以维持直流电压稳定。在舟山工程中，除了舟定站和舟岱站，其他换流站都只有 100MW 的容量。且二级接管的累加电压偏差较大，因此，在五端系统运行时，只考虑一级接管，不考虑二级接管。

4.6.2 控制指令整定

根据调度提供的整定值实现有功功率、无功功率、直流电压、交流电压等参考值的设定和调节。因为换流阀承受电压、电流应力的限制，系统级控制器需要对功率及电压的参考值及变化速率进行限制得到换流站级控制的有功功率、无功功率、直流电压的指令参考值。

控制指令整定包括：有功功率参考值设定和调节、无功功率参考值设定和调节、直流电压参考值设定和调节和交流电压参考值设定和调节。控制指令整定控制框图如图 4-7 所示。

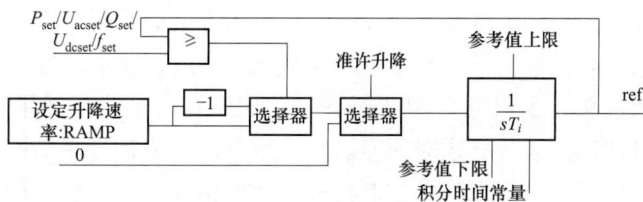

图 4-7　控制指令整定控制框图

4.6.3 联结变压器的分接头调节

柔性直流输电系统的主要调节功能是通过换流器的脉宽调制比、移相角的快速控制来实现的。此外，为了扩大换流站调节范围和保持柔性直流输电系统处于良好的工作状态，还辅以联结变压器的电压调节。一般使用带负荷切换分接头的装置进行调压。

换流站输出电压增益的变化将会改变换流站工作运行点。换流站输出电压增益可以由 $\lambda = kM$ 来表示，其中 k 为联结变的变比，M 为换流器调制度，其范围一般为，$0.85\sim1.00$，并且连续可调。当柔性直流输电系统运行状态变化不大时，换流站工作在线性调制区，通过调节 M 即可以满足系统功率输入/输出的要求。但当系统运行状态发生较大变化时，调制度 M 会达到限值失去调节作用，换流站进入非线性工作区，这时可以调节连接变压器变比使换流站重新进入线性调制区。如图 4-8 所示，起初换流站工作在 (Q, M) 点，当系统运行状态变化很小时，可以通过对调制度 M 的调控来应对系统运行状态的变化。此时，系统

运行于 (Q,M) 点附近，其运行状态沿着斜线 A 变化。但是当系统运行状态发生较大的变化时，系统运行于 $(Q',M_{\max})$。由于调节度 M 已经达到最大值，不能应对系统运行状态的变化，系统将进入非线性调节区域。此时则需要改变联结变压器变比使换流器调制度重新回到限值以内，换流站则回到线性调制区[23]。由图 4-8 可知，在换流站输出 Q' 时，由于联结变压器变比 k' 变化为 k，换流器的调制度也相应地由 $M_{\max}$ 减小为 M。这样系统运行于 (Q',M)，而使换流器也重新回到了线性调制区。

联接变压器分接头控制用于维持换流阀的调制比在最小调制度限值和最大调制比限值之间，五站配置相同的功能，调制比范围见表 4-1。

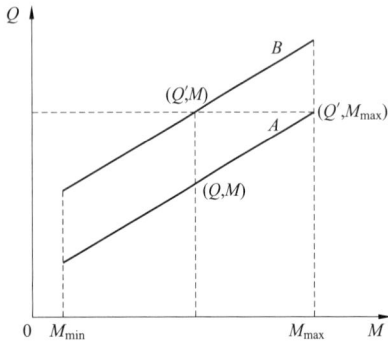

图 4-8 联结变压器变比调节示意图

表 4-1　　　　　　　　　　　　　　调 制 比 范 围

调制比	描述	范围/值
额定值 M_n	额定调制比	0.85
最大值 $M_{\max}$	稳态运行最大调制比	0.95
最小值 $M_{\min}$	稳态运行最小调制比	0.75

联结变压器分接头控制调节联结变压器抽头位置的方式分为手动模式和自动模式。如果选择了手动控制模式，有报警信号送至 SCADA 系统。当运行在手动控制模式时，可单独调节单个联结变压器的抽头，也可同时调节所有联结变压器的抽头。如果选择了单独调节抽头，那么在切换回自动控制前，必须对所有联结变压器的抽头进行手动同步。手动控制应被视为一种保留的控制模式。应当在自动控制模式失效的情况下，才被起用。无论是在手动控制模式还是在自动控制模式，当抽头被升/降至最高/最低点时，极控系统应发出信号至 SCADA 系统，并禁止抽头继续升高/降低。

（1）手动模式。

当运行在手动控制模式时，可以单独调节单个联结变压器的抽头。手动控制模式被视为一种保留的控制模式，在自动控制模式失效的情况下才被起用。无论是在手动控制模式还是在自动控制模式，当抽头被升/降至最高/最低点时，禁止抽头继续升高/降低。

（2）自动模式。

如果联结变压器失电（交流断路器断开时），联结变压器抽头自动升至额定档位。当换流阀的调制度小于最小调制度限值时，自动调节联结变压器分接头的档位，增加阀侧电压。当换流阀的调制度大于最大调制度限值时，自动调节联结变压器分接头的档位，减小阀侧电压。

4.6.4　外环控制和内环控制

柔性直流换流站的换流阀级控制策略采用基于直接电流控制的矢量控制方法，具有快速的电流响应特性和良好的内在限流能力。矢量控制由外环控制策略和内环控制策略组成。外环产生参考电流指令，内环电流控制器产生期望的参考电压。换流阀级控制策略与两端柔性直流输电基本类似。

外环控制：有功功率控制、无功功率控制、直流电压控制、交流电压控制、频率控制。

内环控制：内环电流控制、锁相（PLL）环控制。

（1）有功功率控制。

有功功率控制是直流系统的主要控制模式，通常在这种运行模式下，控制系统根据有功功率参考值控制换流阀与交流系统交换的有功功率。在有功功率控制下，为了保持直流输送功率恒定，控制系统通过对电流的相应调整来补偿电压的波动。有功功率指令 P_{ref} 与无功功率指令 Q_{ref} 经过计算得到交流电流的参考值。控制框图如图 4-9 所示。

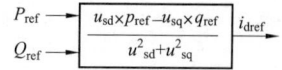

$$P_{ref} \longrightarrow \boxed{\dfrac{u_{sd} \times p_{ref} - u_{sq} \times q_{ref}}{u^2_{sd} + u^2_{sq}}} \longrightarrow i_{dref}$$
$$Q_{ref} \longrightarrow$$

图 4-9　有功功率控制示意图

舟定换流站有功功率的运行范围为 $-400 \sim 400MW$，舟岱换流站有功功率的运行范围为 $-300 \sim 300MW$，舟衢、舟洋、舟泗换流站有功功率的运行范围为 $-100 \sim 100MW$，如图 4-10～图 4-14 所示。

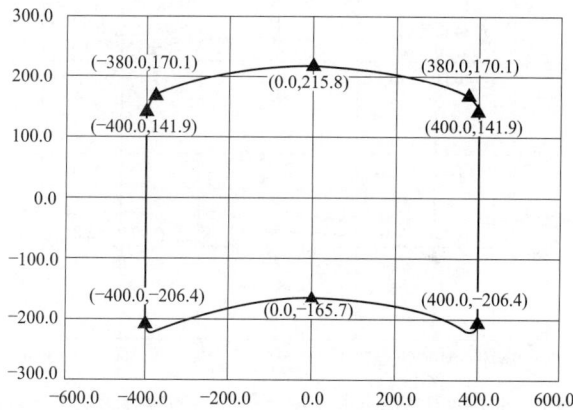

图 4-10　舟定换流站稳态电压运行范围内的换流阀功率运行区间

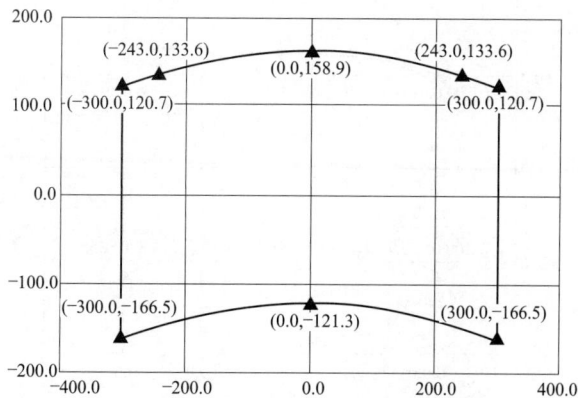

图 4-11　舟岱换流站稳态电压运行范围内的换流阀功率运行区间

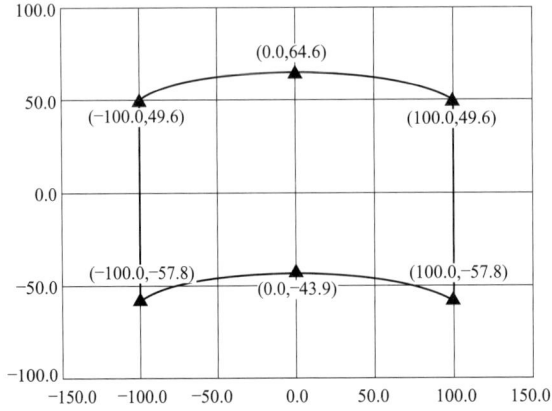

图 4-12　舟衢换流站稳态电压运行范围内的换流阀功率运行区间

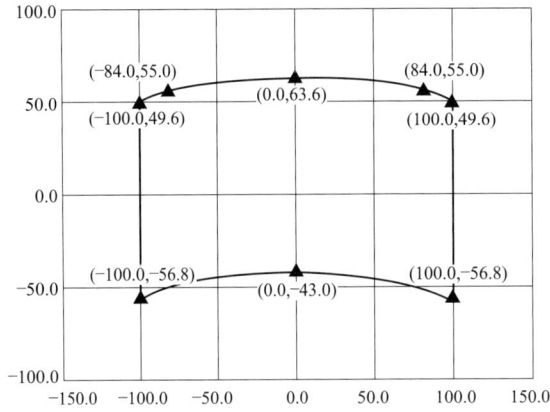

图 4-13　舟洋换流站稳态电压运行范围内的换流阀功率运行区间

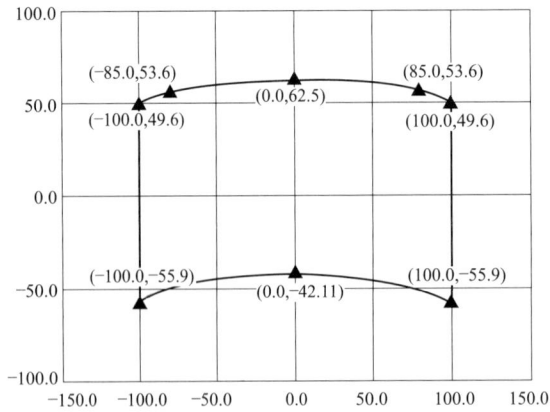

图 4-14　舟洋换流站稳态电压运行范围内的换流阀功率运行区间

（2）无功功率控制。

无功功率控制可以使直流系统产生的无功功率维持在期望的参考值，该参考值可以由运行人员在 OWS 操作界面进行输入。控制框图如图 4-15 所示。

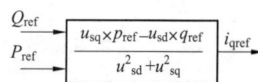

$$\begin{array}{c} Q_{\text{ref}} \\ P_{\text{ref}} \end{array} \boxed{\dfrac{u_{\text{sq}} \times p_{\text{ref}} - u_{\text{sd}} \times q_{\text{ref}}}{u_{\text{sd}}^2 + u_{\text{sq}}^2}} \to i_{\text{qref}}$$

图 4-15 无功功率
控制示意图

无功功率控制作为稳态运行调节功能，设计比交流电压控制速度要慢。交流电压控制比无功功率控制有更高的优先级，在交流系统电压扰动时，交流电压控制将暂时取代无功功率控制以保证交流电压恒定。运行人员可选择是否投入无功功率控制，当选择投入时，交流电压控制也将自动投入。

各换流站的无功吸收和提供能力按功率因数 0.95 确定。这样，各换流站的无功提供能力如表 4-2 所示。

表 4-2   舟定换流站无功功率提供能力

有功功率	最大无功功率	最小无功功率
400	140	-206
200	203	-180
0	216	-165
-200	203	-180
-400	140	-206

注　λ 系统为正。

表 4-3   舟岱换流站无功功率提供能力

有功功率	最大无功功率	最小无功功率
300	121	-165
150	150	-132
0	159	-121
-150	150	-132
-300	121	-165

注　λ 系统为正。

表 4-4   舟衢换流站无功功率提供能力

有功功率	最大无功功率	最小无功功率
100	49	-57
50	62	-46
0	65	-44
-50	62	-46
-100	49	-57

注　λ 系统为正。

表 4 - 5   舟洋换流站无功功率提供能力

有功功率	最大无功功率	最小无功功率
100	49	−56
50	60	−46
0	63	−43
−50	60	−46
−100	49	−56

注 λ 系统为正。

表 4 - 6   舟泗换流站无功功率提供能力

有功功率	最大无功功率	最小无功功率
100	49	−55
50	59	−45
0	63	−42
−50	59	−45
−100	49	−55

注 λ 系统为正。

（3）直流电压控制。

为了保证直流电压稳定而使各站换流站正常工作，在五端柔性直流输电系统中，选取一站进行直流电压控制。各个站换流站级的电压控制策略是相同的。当某端与直流线路断开，换流阀都用作 STATCOM 运行时，该换流站必须采用直流电压控制。

直流电压控制是通过控制功率计算指令来进行实现的，通过控制流过换流阀的有功功率的大小，保持各相导通子模块上电容器的电压和 U_d 为设定值。通常选取交流系统较强侧为直流电压控制，直流电压控制是将直流电压指令与实测直流电压比较后，经过 PI 调节输出有功指令，如图 4 - 16 所示。

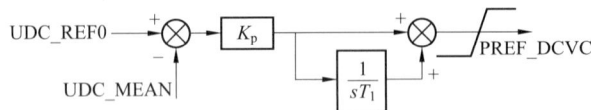

图 4 - 16 定直流电压控制示意图

图中 UDC _ REF0 为直流电压参考值，UDC _ MEAN 为直流电压实测值，PREF _ DCVC 为直流电压控制产生的功率指令参考值，此值经过与有功功率控制产生的功率指令参考值选择后参与计算得到交流电流参考值。

舟山柔性直流工程设计额定直流电压为±200kV，舟定换流站采用定直流电压控制，考虑到测量误差，换流站直流电压不高于 202kV。舟山多端柔性直流系统拓扑如图 4-17 所示。

其他换流站的最高运行电压需要根据直流网络的潮流计算结果确定。以舟泗换流站为例，当其运行于逆变方式，输送功率 100MW，舟洋换流站也运行在逆变方式，功率也为 100MW，舟岱至舟定直流输电线路功率方向由舟岱-舟定，且功率为 400MW，直流线路电阻为最大值，舟泗换流站直流电压达到最高。当其运行于整流方

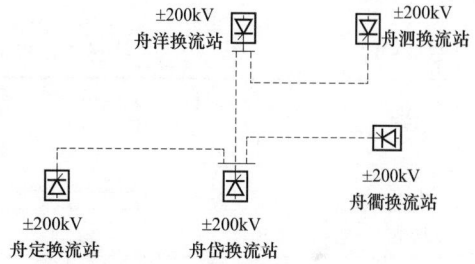

图 4-17　舟山多端柔性直流系统拓扑图

式，输送功率 100MW，舟洋换流站也运行在整流方式，功率也为 100MW，舟岱至舟定直流输电线路功率方向由舟定-舟岱，且功率为 400MW，直流线路电阻为最大值，舟泗换流站直流电压达到最低。各换流站最高最低电压如表 4-7 所示。

表 4-7　　　　　　　　　　　　各换流站最高最低电压

换流站	舟定站（kV）	舟岱站（kV）	舟衢站（kV）	舟洋站（kV）	舟泗站（kV）
最高运行电压	202	202.97	203.21	203.69	204.20
最低运行电压	198	197.04	196.78	196.27	195.72

在无站间通信情况下，舟定换流站退出运行，此时，当舟岱站直流电压测量值超过 204kV 或者低于 196kV 后，舟岱站转为定电压控制，电压定值为 204kV 或者 196kV。此时，可以允许各运行换流站的无功提供和吸收能力有所降低。但是设备可以满足运行要求。考虑测量误差后，在无站间通信情况下，舟定换流站退出运行后，各换流站的最高运行电压和最低运行电压如表 4-8 所示。

表 4-8　　　　　　　　　　各换流站的最高运行电压和最低运行电压

换流站	舟定站（kV）	舟岱站（kV）	舟衢站（kV）	舟洋站（kV）	舟泗站（kV）
最高运行电压	—	206	206.24	206.72	207.23
最低运行电压	—	194	193.74	193.33	192.68

（4）交流电压控制。

系统交流电压的大小受到无功潮流的影响，交流电压控制产生换流阀的无功功率指令，并且各个站独立进行控制，该参考值可以由运行人员在 OWS 操作界面进行输入。利用交流电压控制功能可以实现控制变压器网侧的交流电压。恒定交流电压控制，可以有效抑制网侧交流电压的波动，优化系统潮流。控制框图如图 4-18 所示。

图 4-18 中，U_{ac} 为交流系统实测电压，U_{acref} 为交流系统电压参考值，Q_{acref} 为交流电压控制输出的无功功率参考值，此值经过与无功功率控制输出的无功功率参考值选择后计算得到交流电流参考值

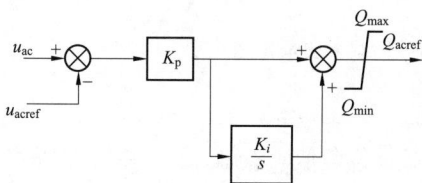

图 4-18　交流电压控制

(见表 4-9)。

(见表 4-9)。

表 4-9   交流电流参考值

换流站	最低暂态电压（kV）	最低稳态电压（kV）	正常稳态电压（kV）	最高稳态电压（kV）	最高极端电压（kV）	标称稳态频率（Hz）
舟定站	209	213	230	242	242	50 ± 0.2
舟岱站	209	213	230	242	242	50 ± 0.2
舟衢站	99	106.7	115	117.7	121	50 ± 0.2
舟洋站	99	106.7	115	117.7	121	50 ± 0.2
舟泗站	99	106.7	115	117.7	121	50 ± 0.2

（5）无功功率叠加交流电压控制。

交流系统电压高于或低于额定电压一定值。当检测到系统交流电压异常时，将交流电压异常参与功率调节，影响系统无功功率，从而控制交流电压在允许范围内，如图 4-19 所示。

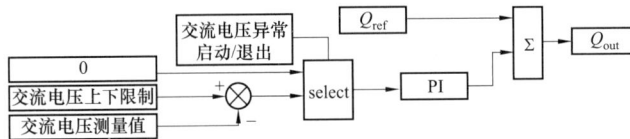

图 4-19 交流电压异常控制示意图

（6）有功功率叠加频率控制。

当换流站单独与风电场相连时，由于风速变化的随机性，换流阀不能通过定有功功率控制方式来控制直流系统传输的有功，否则在风速变化时会引起频率的波动，影响系统的稳定性，此时需要采用定频率控制保证风电场并网端频率的稳定。

风电场端只通过直流线路并网时，频率控制自动投入，调节风电场端的系统频率。对于风电场并网的频率控制方式，可以采用频率控制产生的有功功率参考值与有功功率控制指令进行叠加后得到最终的有功功率控制参考值。频率参考值频率可以是恒定频率，也可以是基于斜率特性的频率曲线，控制框图如图 4-20 所示。

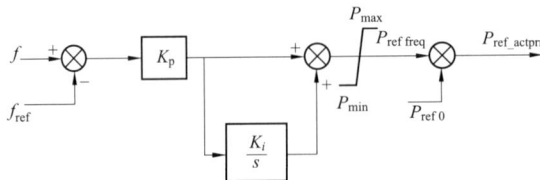

图 4-20 叠加于有功功率参考值的频率控制方式示意图

（7）交流电流矢量控制。

内环控制环节接受来自外环控制的有功、无功电流的参考值 i_{dref} 和 i_{qref}。并快速跟踪参考电流，实现换流阀交流侧电流波形和相位的直接控制，如图 4-21 所示。

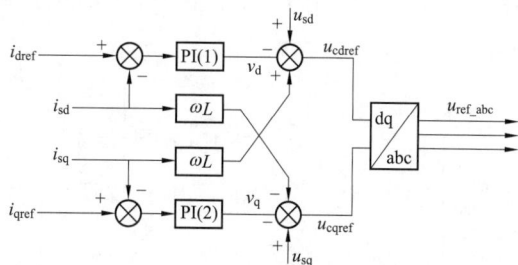

图 4-21　交流电流控制原理图

（8）PLL 环控制。

锁相环是用于实现换流阀控制与交流系统电压的同步。锁相环的输入是在联结变压器的阀侧母线处测得的三相交流电压，其输出是基于时间的相角值，在稳态时等于系统交流电压的相角。如图 4-22 所示。

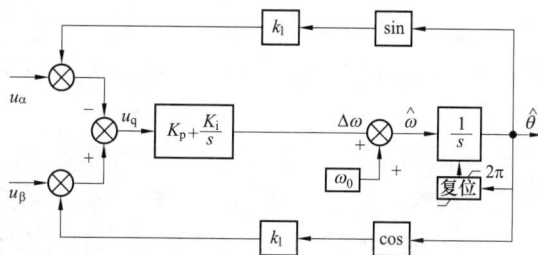

图 4-22　锁相控制

其原理如下：三相电网电压瞬时值经 clack 变换为 e、dq，通过相位乘法器分别与压控振荡环节 VCO 输出相位的正弦值和余弦值相乘，二者乘积之和为 V_q，V_q 经 PI 调节与比例系数 kv 相乘得到角频率误差，与中心角频率 0 相加后得到角频率 $\hat{\omega}$，最后再经过积分环节得到相位测量值 $\hat{\theta}$。

$$U_a = \frac{1}{3}\left[2U_a - (U_b + U_c)\right]$$

$$U_\beta = \frac{1}{\sqrt{3}}(U_b - U_c)$$

$$\theta = \theta_{k-1} + t_s + \Delta f_{k-1}$$

式中：θ＝PLL 输出的相角。

$$\Delta f = (U_b\cos\theta - U_a\sin\theta)\left(1 + \frac{1}{sT}\right)$$

t_s＝计算采样时间

4.6.5　负序电流抑制

外环控制产生的电流内环控制需要的给定值 I_{dref} 和 I_{qref}，需要采用 100Hz 的陷波器剔除 2 次谐波。将消除 2 次谐波后的给定值作为电流内环控制的参考值与交流电流通过正序锁相

角变换得到的 I_d 和 I_q 实际值比较，通过比例积分环节即可消除交流电流的负序分量。如图 4-23 所示。

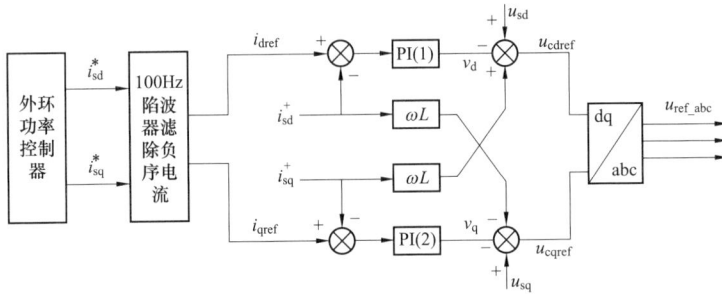

图 4-23　负序电流控制

4.6.6　桥臂环流抑制

模块化多电平换流阀运行时在三相间会产生以二次谐波为主要分量的环流。尽管桥臂电抗器对环流具有一定抑制作用，但作用有限。相间环流会额外占用换流阀的电流通流能力，并引起 IGBT 模块的发热。

桥臂环流抑制控制用于抑制桥臂相间流动的具有二倍频特性的电流。环流控制可以在控制保护层完成，也可以在换流阀级控制层完成。其策略均是通过在参考波中叠加一定偏差值，从而抑制环流产生，桥臂环流控制在 $15\%I_n$ 范围内。各换流站桥臂额定交流电流及二次环流，见表 4-10。

表 4-10　　　　　　　　　各换流站桥臂额定交流电流及二次环流

换流站	舟定	舟岱	舟衢	舟洋	舟泗
桥臂额定交流电流 I_n（A）	633	492	166	166	166
桥臂二次环流（%）	≤15	≤15	≤15	≤15	≤15

4.6.7　过负荷限制

过负荷限制应在当前环境温度条件下，考虑备用冷却设备是否可用以及 IGBT 当前结温，计算得到直流系统的过负荷能力，对直流功率指令进行限幅，使得一次回路在各种工况下的全部过负荷能力都被充分利用，而不会因为设备过应力而发生不希望的停运。

在直接电流控制器中，对于以有功功率、无功功率为控制目标的控制环中，可以直接对有功功率、无功功率指令进行限制，使其不超过过负荷水平。而对以直流电压、交流电压、交流频率为控制目标的控制环，不能直接将过负荷水平的限制值施加于其指令值。直接电流控制器采用了外环与内环两层控制器，外环控制器的输出作为内环控制器的输入指令，因此可以将过负荷的功率限值转换为电流限值，并对内环电流指令进行限制，达到限制过负荷的目的。

换流站的过负荷能力要求见表 4-11。

表 4-11　　　　　　　　　　　　　换流站的过负荷能力

最高环境温度 户外干球/阀厅	过负荷时间	不投备用冷却设备		
41.9℃ /50℃		功率（标幺值，p. u.）	功率（MW）	电流（A）
舟定	2h	1.1	440	440.0
	长期	1.0	400	1000.0
舟岱	2h	1.1	330	825.0
	长期	1.05	315	787.5
舟嵊、舟泗、舟洋	2h	1.1	110	275.0
	长期	1.05	105	262.5

4.6.8　内环电流限制负荷

内环电流限制器，根据过负荷判据得电流限制范围，使输出电流限定在 I_{max} 范围内，电流限制器根据可以选择有功功率优先或者非有功功率优先，有功功率优先限制器如图 4-24（a）所示，非有功功率优先可以选择 4.24（b），当然也可以选择无功功率优先限制器，但采用较少，在此不进行列举。

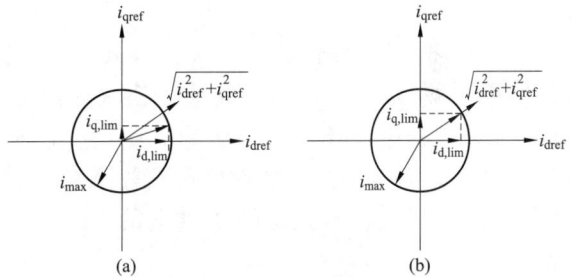

图 4-24　内环电流限值过负荷
(a) 有功功率；(b) 非有功功率

4.6.9　附加控制

附加控制目的是提高整个交/直/交联网系统的性能。在除了 STATCOM 外的所有控制模式下，以下所列的附加控制功能均应能起作用。此外，供货商应提供适当的控制点，供运行人员投入或解除指定的调制功能。附加控制是否启动及相关的启动定值由直流站控系统统一协调发出。

某个换流站收到外部发送的功率回降/提升、快速功率反转请求后应将该命令发送给系统级控制层，由系统级控制层重新确定各换流站的功率指令。

4.6.10　功率回降

涉及送端交流系统损失发电功率或受端交流系统甩负荷等事故，可能要求自动降低直流输送功率。提供功率回降功能。功率回降功能可作用于功率/电流指令，也可以通过限制电流幅值方式实现功率回降功能。

4.6.11　功率提升

涉及受端损失发电功率或送端甩负荷故障时，有可能要求迅速增大直流系统的功率，以便改善交流系统性能。提供功率提升功能，功率提升可以通过接收外部信号或判断电气量信号实现增大输送功率目的。

4.6.12　快速功率翻转

为了满足交流系统稳定的需要，提供快速功率翻转功能。该功能应由直流极控系统本身起动，而不需要由运行人员启动该功能。该项控制功能的特性与运行人员启动的功率翻转功能有以下不同点：直流功率的上升和下降速率由系统研究决定，不能由运行人员调整。运行人员不能终止已经被起动的快速反转顺序。

4.6.13　附加调制信号

舟山柔直工程建成后舟山电网将形成交直流混联的系统，附加控制可以预留利用交流断面潮流指令值及测量值控制断面潮流的功能。

4.7　启 动 控 制 策 略

由于MMC各相桥臂的子模块包含大量的储能电容，换流器在进入稳态工作方式前，必须采用合适的启动控制来对这些子模块储能电容进行预充电。因此，在MMC－HVDC系统的启动过程中，必须采取适当的启动控制和限流措施。另外，在向无源网络供电的MMC－HVDC系统中，逆变站侧的交流系统是一个无源网络，它不能直接进入定交流电压控制方式。因此，向无源网络供电的MMC－HVDC系统也必须要有单独的启动控制策略。

启动控制的目标是通过控制方式和辅助措施使柔性直流系统的直流电压快速上升至接近正常工作电压，但又不能产生过大的充电电流和电压过充现象。以舟山多端柔直工程为例，启动控制主要包括以下三个阶段：①子模块电容预充电阶段；②定直流电压和定功率控制阶段；③功率提升阶段。

舟山柔直工程、上海南汇风电场柔直示范工程的系统启动过程中，在充电回路中串接限流电阻，通过交流侧系统电压对直流电容充电，启动结束时切除限流电阻以减少损耗。限流电阻串接在连接变压器中压侧与换流阀之间。

以舟山工程为例，在启动过程中，首先投入限流电阻，闭锁IGBT等可关断器件的触发脉冲（此时子模块电容器储能不足，取能装置无法从电容器获取子模块控制器的工作电源），通过6个桥臂的反并联二极管形成充电回路来实现对直流侧电容的充电。当直流侧电容两端的电压上升到一定值时（320kV），将限流启动电阻旁路，并解除脉冲闭锁并切换到正常控制方式，此时，通过控制系统脉宽调制策略将直流电容充电至额定工作电压（400kV）。限流电阻的大小与主电路参数以及投切时间密切相关。

以舟山柔直工程端对端换流站启动为例，舟定换流站作为整流站设置在定直流电压方式，舟岱站作为逆变站设置定有功功率方式，两站均工作在有源HVDC模式，且均与直流线路连通，启动时，由定直流电压控制站率先开始进入预充电，对本站子模块电容、直流线路及对站子模块电容进行预充电，预充电时舟岱站的交流进线开关处于断开位置，直至系统电压升至320kV，此时舟岱站合上交流进线开关，两站均已完成预充电，开始解锁进入再次充电，进入功率提升阶段，直至充到额定值运行。

对于向无源网络供电的定交流电压控制的换流站来说，逆变站设置无源方式运行，在启动时，由定直流电压控制端向整流站、直流线路、逆变站进行充电，直到直流电压达到额定值后解锁，逆变站进入定交流电压控制方式运行。

4.8 空载加压试验

空载加压试验（OLT）是为了方便地测试直流极在较长一段时间的停运后或检修后的绝缘水平。直流极控系统具有空载加压试验控制的功能。空载加压试验有带线路和不带线路两种，空载加压试验有手动和自动两种控制模式。进行空载加压试验时，本站定义为直流电压站，另外需要满足的条件是试验站未与对站直流极相连。

OLT 在极隔离/极连接两种方式下均可进行。OLT 本身有手动和自动两种控制模式。可根据实际情况进行选择。

4.8.1 试验条件

满足以下所有条件才可以进行空载加压试验：

当前直流电压为二极管充电电压，即 1.414 倍阀侧线电压，约为 0.73p.u.；

与试验站直流线路相连的两站未与对站直流极连接；

运行人员发出进行空载加压试验的命令。

4.8.2 控制模式

空载加压试验只能在本地控制，并具有手动控制与自动控制两种控制方式。

（1）手动控制模式：手动控制时，运行人员手动设定空载加压试验的直流电压参考值。直流电压的参考值可以在 0.85p.u. ～ 1.05p.u. 值之间可调。直流电压以预先设定的速度线性变化至直流电压参考值。试验结束时，运行人员手动降压，闭锁换流阀。

（2）自动控制模式：自动模式时，运行人员只要启动空载降压试验程序，此程序就自动地解锁对应的换流阀，把直流电压升至预定值（最大限制值为 1.0p.u.），然后保持一段时间（2min），再把电压降下来，最后闭锁换流阀。在升/降压的过程中，运行人员可以终止升/降压过程。在这种情况下电压保持在终止时刻的值，可以根据需要再次增加或减小电压。在此情况下可以随时闭锁该极。

4.8.3 换流站不带线路，手动空载加压试验

（1）试验目的：检验不带线路的方式下，手动空载加压试验功能的正确。检测换流阀应力。

（2）试验步骤：

1）设置换流站开路试验电压参考值为 350kV，然后解锁；

2）当直流电压达到设定值后，将电压参考值依次设为 370、400、420kV，核实直流电压情况；

3）直流电压（测量到的正负极电压）达到最大值后，将电压参考值设为 350kV，核实直流电压不断减小，直流电压为 350 kV 后，闭锁换流站。

4.8.4 换流站不带线路, 自动空载加压试验

（1）试验目的：检验不带线路的方式下，手动空载加压试验功能的正确。检测换流阀应力。

（2）试验步骤：

1）换流站站开路试验解锁；

2）直流电压将按照参考值依设定速率上升到 400kV，停留 2min 后，电压自动下降到 350kV。核实整个过程直流电压情况；

3）直流电压降到 350 kV 后，闭锁换流站。

4.8.5 换流站带线路, 自动空载加压试验

（1）试验目的：检验带线路的方式下，手动空载加压试验功能的正确。检测换流阀应力。

（2）试验步骤：

1）换流站开路试验解锁；

2）直流电压将按照参考值依设定速率上升到 400kV，停留 2min 后，电压自动下降到 350kV。核实整个过程直流电压情况；

3）直流电压降到 350 kV 后，闭锁换流站。

4.8.6 换流站带线路, 手动空载加压试验

（1）试验目的：检验带线路的方式下，手动空载加压试验功能的正确。检测换流阀应力。

（2）试验步骤：

1）按上述试验状态表要求设置系统初始状态；

2）设置换流站开路试验电压参考值为 350kV，然后解锁；

3）当直流电压达到设定值后，将电压参考值依次设为 370、400、420kV。核实直流电压情况；

4）直流电压达到最大值后，将电压参考值设为 350kV，核实直流电压不断减小，直流电压为 350 kV 后，闭锁换流站。

4.8.7 空载加压试验过程监视

极控系统监视空载加压试验的整个过程，并且根据故障的情况，发出报警信号或者停止整个空载加压试验的过程。

空载加压试验时，如果直流电流大于设定值，或者直流电压高于期望值（根据系统的工况计算的直流电压值），则判断发生直流侧接地故障。如果交流侧的等效电流和直流电流大于某一设定值，则判断发生了交流系统故障。故障比较轻微时，极控系统发出报警信号。

动作顺序：立即闭锁换流阀；跳交流开关；锁定交流开关。

4.9 黑 启 动

柔性直流输电系统中的可关断器件具有自关断能力，能对开通、关断时刻进行控制，可以与无源系统连接进行换流。柔性直流输电作为一种理想的黑启动方案，已在美国的 Eagle Pass 工程和挪威的 TrollA 钻井平台工程中得以体现。电网黑启动的关键是电源点的启动，电源点并网产生的过电压和频率振荡易导致黑启动失败。在电网黑启动过程中，利用柔性直流输电系统有功功率和无功功率快速独立控制等特性，能够提高电网恢复过程中的频率稳定性和电压稳定性，对电的快速恢复具有重要意义。

换流站黑启动过程中，换流站若先通过柴油机来启动水冷等关键辅助设备，然后完成换流站的启动。黑启动过程中的运行注意事项如下：

（1）在停复役站用电前后，应及时检查自动化装置是否正常，供自动化装置使用的 UPS 装置切换是否正常，阀冷系统、阀厅空调系统是否运行正常。

（2）在停复役站用电前后，应及时检查直流系统是否正常。

（3）在柴油发电机连接进本站站用电系统后，应控制其用电情况，关掉非运行用电电源。在夏季，保护室内、主控制室内温度必须恒温在 25℃内，以确保微机保护装置及自动化装置的运行可靠性。

（4）在外来电源连接进本站站用电系统后，检查联结区、直流场、阀厅、空调管道间、室内的温度和通风状态是否良好，及时打开必要的冷却装置和通风装置，以确保设备的正常运行。

（5）在柴油发电机连接进本站站用电系统后，应对柴油发电机连接处做好防范措施，悬挂"止步，高压危险"警告牌；并在 380V 开关操作手柄上挂"禁止分闸，有人工作"牌；站用电室门应关闭上锁；发电机组应用栅栏围住悬挂"止步，高压危险"牌。

（6）在事故处理过程中的操作必须按倒闸操作的有关规定进行。

（7）在低压回路操作需防止低压触电，在操作中应使用绝缘毯。

（8）检查本站报警系统是否正常，以防外人进入站内。

（9）柴油发电机运行期间，必须安排人员监视柴油发电机运行情况。

4.10 孤岛与联网互转

柔性直流输电可以与交流输电一起向用户进行供电，如图 4-25 所示。以衢山岛为例，正常情况下，用户负荷由交流线路和柔性直流输电系统共同承担，衢山换流站处于有源控制模式；当交流线路发生故障而退出运行时，形成孤岛，舟衢站迅速检测到处于孤岛状态，立即切换到无源控制模式，从而确保给岛上负荷供电不中断，当然交流线路恢复时，舟衢换流站也能快速准确得检测出已连入交流电网，立即切换为有源控制方式，这大大提高舟山电网供电的可靠性和灵活性。

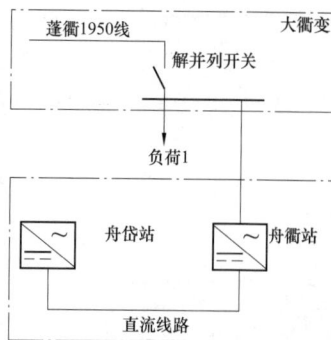

图 4-25 孤岛与联网互转接线示意图

首先如图 4-25 中的解并列开关，舟衢站迅速转为孤岛运行方式，保证负荷供电不中断，然后再合上解并列开关，舟衢站转为联网方式，交流系统和柔性直流输电系统同时给负荷供电，提高供电的可靠性。

(1) 孤岛转联网操作流程。

1）舟岱站换流器由极隔离改极连接。

2）舟衢站换流器由极隔离改无源 HVDC 充电。

3）舟岱站换流器由极连接改有源 HVDC 充电。

4）舟岱站换流器由有源 HVDC 充电改有源 HVDC 运行。

5）舟衢站换流器由无源 HVDC 充电改无源 HVDC 运行（衢大 1934 线开关拉开状态）。

舟岱站、舟衢站已稳定运行，申请合上舟衢站衢大 1934 线开关，进行舟岱和舟衢两站孤岛转联网试验，合上舟衢站衢大 1934 线开关，检查监控后台顺控流程界面运行方式，由无源 HVDC 红灯亮转换为有源 HVDC 运行红灯亮。

直流控制由定频率控制红灯亮转换为定有功功率红灯亮。

(2) 联网转孤岛操作流程。

1）舟岱站换流器由极隔离改极连接。

2）舟衢站换流器由极隔离改无源 HVDC 充电。

3）舟岱站换流器由极连接改有源 HVDC 充电。

4）舟岱站换流器由有源 HVDC 充电改有源 HVDC 运行。

5）舟衢站换流器由无源 HVDC 充电改有源 HVDC 运行（衢大 1934 线开关合上状态）。

舟岱站、舟衢站已稳定运行，申请拉开舟衢站衢大 1934 线开关，进行舟岱和舟衢两站联网转孤岛试验，拉开舟衢站衢大 1934 线开关，检查监控后台顺控流程界面运行方式，由有源 HVDC 运行红灯亮转换为无源 HVDC 红灯亮。

直流控制由定有功功率红灯亮转换为定频率控制红灯亮。

第 5 章

柔性直流输电保护系统

5.1 概　　述

直流保护系统的目的是在直流系统故障情况下，尽可能地通过改变控制策略或者移除最少的故障元件，使得故障对于系统和设备的影响最小。

本章是以舟山五端柔性直流输电保护系统为例，讲述模块化多电平高压柔性直流输电系统（MMC-HVDC）的配置方案，主要对保护装置的分层、保护系统的冗余等方面进行了阐述。同时详细描述了直流系统保护的分区、用途和原理、保护范围、采用的测量、保护间的配合关系，还说明了保护动作的结果。

5.2　MMC-HVDC 保护策略

保护系统具有广泛的自我监视功能。不同的故障类型和严重程度，保护装置应该有不同的动作。常见的保护动作有下面几种。

（1）告警和启动录波。使用灯光、音响等方式，提醒运行人员，注意相关设备的运行状况，采取相应的措施，自动启动故障录波和事件记录仪，便于识别故障设备和设备故障原因。

（2）控制系统切换。利用冗余的控制系统，通过系统切换，排除控制、保护系统设备故障的影响。

（3）闭锁触发脉冲。闭锁换流器的触发脉冲，可以分为暂时闭锁和永久闭锁。当某一相暂态电流超过限值时，暂时停止向相对应的子模块 SM 发送触发脉冲；当电流恢复到安全范围时，重新向 SM 发送触发脉冲。永久闭锁意味着严重故障时，向所有的 SM 发送切断控制脉冲的指令，所有的 SM 停止运行。如当直流电缆故障和阀冷却系统故障时，应该永久闭锁触发脉冲。闭锁也是直流输电保护系统最常采用的保护动作。

（4）极隔离。断开换流器直流侧（包括正极和负极）与传输线的连接，可以通过手动或者保护装置自动动作实现。

（5）跳开交流侧断路器。保护系统的功能常由交流断路器来辅助完成，它可以断开交流网络与换流变压器、换流器的连接，从而可以消去直流电压和直流电流，可以避免在阀遭受严重电流应力的同时遭受不必要的电压应力。

5.3　直流保护冗余配置

换流站的直流保护采用南京南瑞继电保护有限公司的 PCS-9700 平台技术方案，其控制保护采用一体化设计和完全的双重化配置，有效防止因保护装置拒动而导致的直流系统事故，大大减少由于保护装置异常、检修等原因造成一次设备停运的现象。

完全双重化的保护配置是在双重化的基础上，每套保护均采用"启动＋保护"的出口逻辑，启动和保护从采样、保护逻辑到出口的硬件完全独立，只有启动通道开放，同时保护通道达到动作定值才会出口，如图 5-1 所示。每套保护自身单一元件损坏时本套保护不误动，保证可靠性；从测量环节开始独立配置，实现四通道采集数据，两套保护同时运行，任意一套动作可出口，保证安全性。每套保护的防误不依赖于另一套保护，设备之间关系简单，易维护。

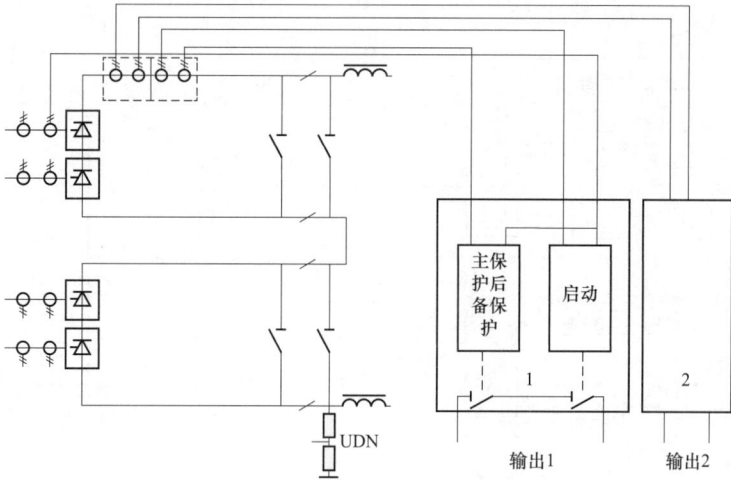

图 5-1 双重化保护配置图

5.4 直流保护系统层次设计

对于交流系统而言，直流保护系统对象规模较小，线路、联结变压器、母线、断路器等各设备之间不存在交互信息，因此保护装置也是与这个对象相适应的。对于模块化多电平的柔性直流系统保护，各个设备和层次间存在较多的信息交互。每个保护的对象故障时，其导致的后果均针对整个系统，不存在交流保护对象单独切除的可能性。因此采用三层式结构将系统级、换流站级和换流器级控制保护按照统一平台进行整体设计，在同一主机内实现以上三级控制保护间的协调配合，方便各层保护之间的数据交互，提高了保护系统的可靠性。

此外，整体设计不存在多级装置切换跟随问题，在需要切换控制保护系统时另一健全系统能迅速投入，不会形成复杂的多级切换，大大降低了装置异常切换及造成系统停运的概率。由于控制系统采样问题等原因有时会谎报故障，切换控制系统能使这些故障消失，恢复正常运行，因此有些保护动作后第一动作是请求控制系统切换。这些保护包括：过流保护、直流过压保护等。

柔性直流的保护系统采用了分级、分层的分布式的结构来实现，分成阀、子模块保护和直流保护，主要是基于下述原因：

（1）考虑 IGBT 的器件特性，大倍率的过流和过压的能力都在几微秒到几十微秒，常规的直流保护装置计算能力有限，无法满足保护对于时间上的要求。

（2）模块化多电平结构下的柔性直流系统中，子模块的数量相当庞大，单相单阀臂的数量多达数百个，整站子模块的数目可能上千个，都集中到一个装置来，通信、计算上的开销时延无法满足快速保护的要求，实现已经基本上变得不可能。

柔性直流保护的层次配置如图 5-2 所示，图中 SM 为子模块，SMC 为子模块的控制保护，在子模块中集成，VBC 为阀控制保护，其中包括阀级和部分换流器级的控制保护，

PCP 为直流控制保护，其中包括主要的换流器级、站级、多端级的控制保护。

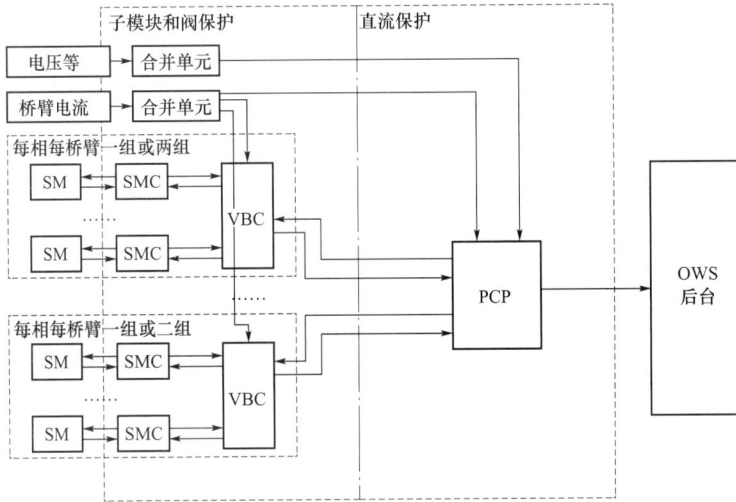

图 5-2 柔性直流保护的层次配置

5.5 直流保护系统功能介绍

柔直系统保护区域划分如上图 5-3 所示，可分为以下几块：

联结变压器保护区①，主要对联接变压器进行保护；

站内交流连接母线区②，主要对联接变压器与换流器之间的交流母线进行保护；

换流器区③（包括阀和子模块保护④），主要对换流器、换流器与交流母线的部分连接线路以及桥臂电抗器进行保护；

直流线路区⑤（对于汇总站或串联站包括直流母线区⑥），主要对直流输电线路以及直流线路上串联的直流电抗器和共模抑制电抗器等设备进行保护。

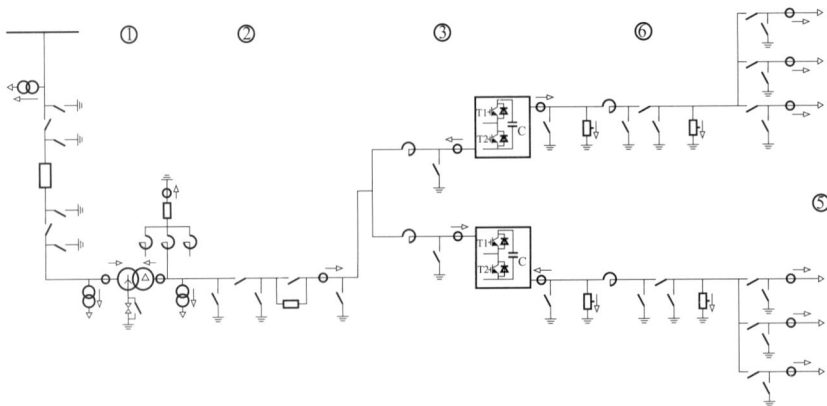

图 5-3 柔直系统保护区域划分

直流保护系统主要分为两大区域，分别为阀区保护和直流场区保护，其保护功能如表5-1所示。

表 5-1　　　　　　　　　　　　　阀区保护和直流场区保护

保护分区	保护名称	保护目的	保护动作后果					
			报警	切换至冗余控制系统	闭锁触发脉冲	触发晶闸管	等待6s，若电压恢复，则自动解锁，若电压不恢复，跳闸并锁定交流断路器	跳开并锁定交流断路器
阀区	交流引线差动	交流短引线短路故障			√			√
	桥臂电抗差动	桥臂电抗短路故障			√			√
	零序分量保护	阀区接地故障			√			√
	阀差动保护	桥臂间短路			√	√		√
	交流过流保护	所有造成过流应力的工况		√	√			√
	桥臂环流监测	换流控制失效	√	√	√			√
直流场区	直流电压不平衡保护	直流单极接地故障 站内交流接地故障	√	√	√			√
	直流欠压及过流保护	直流双极短路			√	√		√
	直流过压保护	防止过压对设备造成损坏	√	√				√
	直流低压保护	检测直流异常电压	√	√				√

表5-1中所列的保护动作后果定义见表5-2。

表 5-2　　　　　　　　　　　　　保护动作后果定义

保护动作后果	定义
永久性闭锁（PERM_BLOCK）	发送闭锁脉冲到全部的器件，使所有换流阀立即关断
晶闸管开通（SCR_ON）	防止IGBT上并联二极管损坏，送给VBC的晶闸管开通信号，MMC结构特有，主要用在阀差动保护动作或者检测到双极短路故障
交流断路器跳闸（TRIP）	跳开联结变交流断路器开关，中断交流网络和换流站的连接，防止交流系统向位于变压器换流站侧的故障注入电流。另外，交流电源的移除，也防止了换流阀遭受不必要的电压应力，尤其是在遭受电流应力的同时
交流断路器锁定（LOCK）	在发送断路器跳闸命令的同时，也要发送锁定信号来闭锁断路器，这是为了防止运行人员找到故障起因前开关误闭合。锁定命令和解除锁定命令也可以由运行人员手动发出
控制系统切换（SS）	有一些故障情况是由于控制系统的问题造成的，控制系统切换后故障可以消失，保护继续输送功率，因此有些保护动作后第一动作请求控制系统切换。这些保护可能包括：过流保护、直流过压保护
极隔离（ISO）	极隔离指断开直流侧母线和直流侧电缆的连接，通过在正常停电的情况下手动执行或者故障情况下发送保护动作命令来完成
报警（ALARM）	对于不影响正常运行的故障的首要反应措施是通过报警来告知运行人员出现问题，但系统仍然保持在正常运行状态

保护动作后果	定义
合旁路开关 （阀保护）	子模块自身故障后合旁路开关，从主回路隔离。严重故障时合旁路开关，防止子模块损坏
暂时性闭（TEMP_BLOCK） （阀保护）	对于出现过电流等情况时发送闭锁脉冲进行短时间的暂时性闭锁，电流恢复正常后尝试恢复脉冲
永久性闭锁（VBC_TR） （阀保护）	过流、过压或者故障时需要永久性闭锁，并且跳交流进线开关
启动开关失灵保护	过流、过压或者故障时需要永久性闭锁，并且跳交流进线开关

5.6 详细保护配置

5.6.1 阀区保护

（1）交流连接母线差动。

表 5-3 　　　　　　　　　　　　交流连接母线差动保护

保护区域	交流连接母线
保护的故障	交流连接母线接地故障
保护原理	$\mid I_vT - I_vC \mid > \Delta$
后备保护	交流连接母线过流保护
保护动作后果	闭锁换流阀、跳交流断路器、锁定交流断路器、启动失灵
逻辑框图	

（2）交流连接母线过流。

表 5-4 　　　　　　　　　　　　交流连接母线过流保护

保护区域	交流连接母线、系统
保护的故障	交流连接母线接地故障，直流接地故障
保护原理	$\mid I_vT \mid > \Delta$
后备保护	联结变压器保护
保护动作后果	闭锁换流阀、跳交流断路器、锁定交流断路器、启动失灵
逻辑框图	

（3）交流过压保护。

表 5-5　　　　　　　　　　　　　　交流过压保护

保护区域	系统
保护的故障	防止系统故障对直流设备造成影响
保护原理	$\lvert U_s \rvert > \Delta$
后备保护	冗余系统的过压保护
保护动作后果	闭锁换流阀、请求控制系统切换、跳交流断路器、锁定交流断路器、启动失灵
逻辑框图	

（4）交流欠压保护。

表 5-6　　　　　　　　　　　　　　交流欠压保护

保护区域	系统
保护的故障	防止系统故障对直流设备造成影响
保护原理	$\lvert U_s \rvert < \Delta$
后备保护	本身为后备保护
保护动作后果	闭锁换流阀、跳交流断路器、锁定交流断路器、启动失灵
逻辑框图	

（5）交流频率异常保护。

表 5-7　　　　　　　　　　　　　交流频率异常保护

保护区域	系统
保护的故障	防止系统故障对滞留设备造成影响
保护原理	$\lvert U_{sFreq} - U_{sFreqNom} \rvert > \Delta$
后备保护	本身为后备保护
保护动作后果	请求控制系统切换
逻辑框图	

（6）接地过流保护。

表 5 - 8　　　　　　　　　　　　接地过流保护

保护区域	联结变换流阀侧
保护的故障	换流阀和直流场的接地故障、接地电抗器故障
保护原理	$\lvert I_r G\rvert > \Delta$
后备保护	直流低电压保护、零序过流保护
保护动作后果	闭锁换流阀、请求系统切换、跳交流断路器、锁定交流断路器、启动失灵
逻辑框图	

（7）零序过流保护。

表 5 - 9　　　　　　　　　　　　零序过流保护

保护区域	联结变换流阀侧
保护的故障	换流阀和直流场的接地故障、接地电抗器故障
保护原理	$\lvert I_v T_0 - I_v C_0\rvert > \Delta$
后备保护	本身为后备保护
保护动作后果	闭锁换流阀、请求系统切换、跳交流断路器、锁定交流断路器、启动失灵
逻辑框图	

5.6.2 换流器保护

（1）交流过流保护。

表 5 - 10　　　　　　　　　　　　交流过流保护

保护区域	换流阀
保护的故障	换流阀和直流接地短路故障
后备保护	本身为后备保护，冗余系统的交流过流保护
保护动作后果	闭锁换流阀、请求系统切换、跳交流断路器、锁定交流断路器、启动失灵
逻辑框图	

（2）桥臂过流保护。

表 5 - 11 桥臂过流保护

保护区域	换流阀
保护的故障	换流阀及直流接地短路故障
保护原理	$\lvert I_bP \rvert > \Delta$ 或 $\lvert I_bN \rvert > \Delta$
后备保护	交流过流保护
保护动作后果	闭锁换流阀、请求系统切换、跳交流断路器、锁定交流断路器、启动失灵
逻辑框图	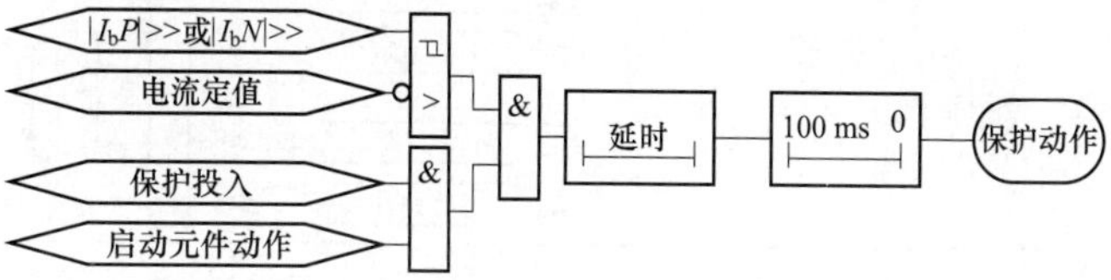

（3）桥臂电抗差动保护。

表 5 - 12 桥臂电抗差动保护

保护区域	桥臂电抗器
保护的故障	电抗器及相连母线接地故障
保护原理	$\lvert I_vC + I_bP + I_bN \rvert > \Delta$
后备保护	桥臂过流保护、交流过流保护
保护动作后果	闭锁换流阀、跳交流断路器、锁定交流断路器、启动失灵
逻辑框图	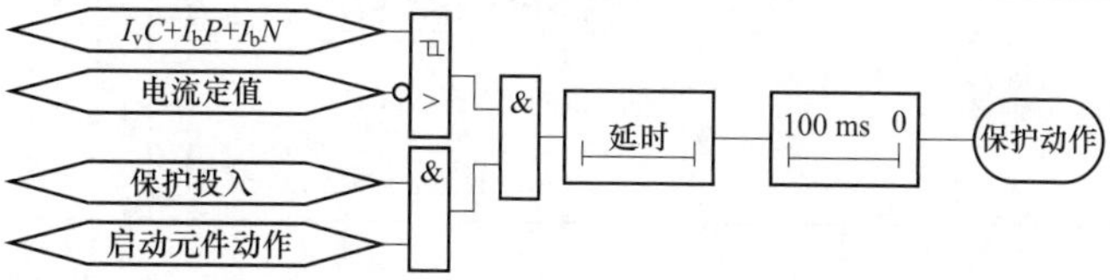

（4）阀侧零序分量保护。

表 5 - 13 阀侧零序分量保护

保护区域	换流阀及直流场
保护的故障	阀区接地故障
保护原理	$U_{v0} > 0$
后备保护	
保护动作后果	闭锁换流阀、跳交流断路器、锁定交流断路器、启动失灵
逻辑框图	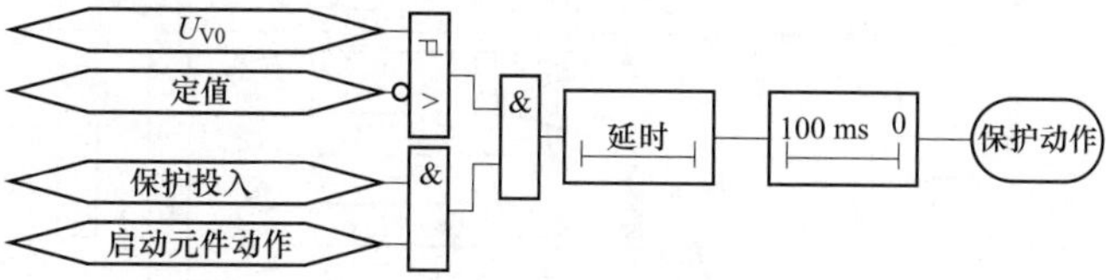

（5）阀差动保护。

表 5－14　　　　　　　　　　　　阀差动保护

保护区域	换流阀
保护的故障	阀接地故障
保护原理	$\lvert \sum I_{bP} + I_{dP} \rvert > \Delta$，$\lvert \sum I_{bN} + I_{dN} \rvert > \Delta$
后备保护	
保护动作后果	闭锁换流阀、跳交流断路器、锁定交流断路器、启动失灵
逻辑框图	$\sum I_{bP} + I_{dP}$ 或 $\sum I_{bN} + I_{dN}$ ／ 电流定值 →［>］→［&］→ 延时 → 100 ms 0 → （保护动作）；保护投入 ／ 启动元件动作 →［&］

（6）桥臂环流保护。

表 5－15　　　　　　　　　　　　桥臂环流保护

保护区域	换流阀
保护的故障	控制或者故障时刻的环流
保护原理	$I_{bk} = (I_{b}P_{k} + I_{b}N_{k})/2$，$\mathrm{rms}[I_{b1} - (I_{b1} + I_{b2} + I_{b3})/3] > \Delta$
后备保护	冗余系统的保护
保护动作后果	闭锁换流阀、触发晶闸管、跳交流断路器、锁定交流断路器、启动失灵
逻辑框图	换流差值 ／ 电流定值 →［>］→［&］→ 延时 → 100 ms 0 → （保护动作）；保护投入 ／ 启动元件动作 →［&］

5.6.3　直流场保护

（1）直流电压不平衡保护。

表 5－16　　　　　　　　　　　　直流电压不平衡保护

保护区域	直流场
保护的故障	直流线路或母线单极接地故障，交流接地故障
保护原理	$\lvert U_{dP} + U_{dN} \rvert > \Delta$ $\lvert U_{dP} + U_{dN} \rvert > \Delta \,\&.\, \lvert I_{d}G \rvert > \Delta$
后备保护	直流低电压保护
保护动作后果	闭锁换流阀、跳交流断路器、锁定交流断路器、启动失灵
逻辑框图	$\lvert U_{dP} \rvert + \lvert U_{dN} \rvert$ ／ 电压定值 →［>］→［&］→ 延时 → 100 ms 0 → （保护动作）；保护投入 ／ 启动元件动作 →［&］

（2）直流欠压过流保护。

表 5－17　　　　　　　　　　　直流欠压过流保护

保护区域	直流场
保护的故障	直流线路双极短路故障
保护原理	$U_d<\Delta \& I_d>\Delta$
后备保护	直流电压不平衡保护，直流低电压保护，交流过流保护，直流母线差动保护，直流线路纵差保护
保护动作后果	闭锁换流阀、触发晶闸管、跳交流断路器、锁定交流断路器、启动失灵
逻辑框图	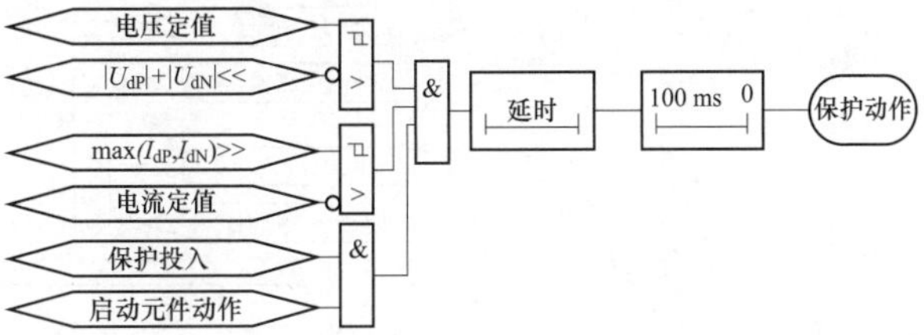

（3）直流低电压保护。

表 5－18　　　　　　　　　　　直流低压保护

保护区域	直流场
保护的故障	直流线路异常电压故障
保护原理	$U_d<\Delta$
后备保护	直流电压不平衡保护，交流低电压保护
保护动作后果	闭锁换流阀、跳交流断路器、锁定交流断路器、启动失灵
逻辑框图	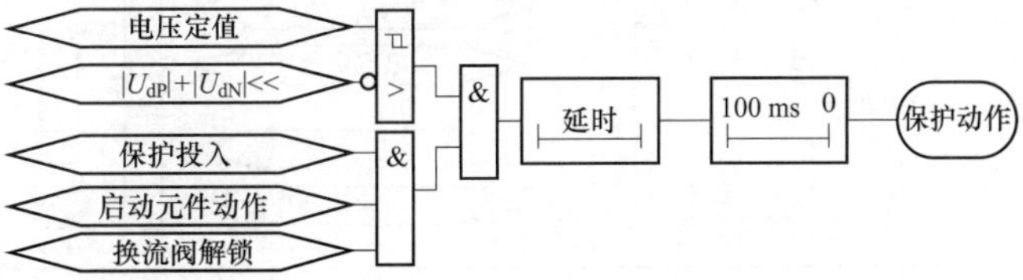

（4）直流过电压保护。

表 5－19　　　　　　　　　　　直流过电压保护

保护区域	直流场
保护的故障	直流线路异常电压故障
保护原理	$U_d>\Delta$
后备保护	直流电压不平衡保护、交流低电压保护
保护动作后果	闭锁换流阀、跳交流断路器、锁定交流断路器、启动失灵
逻辑框图	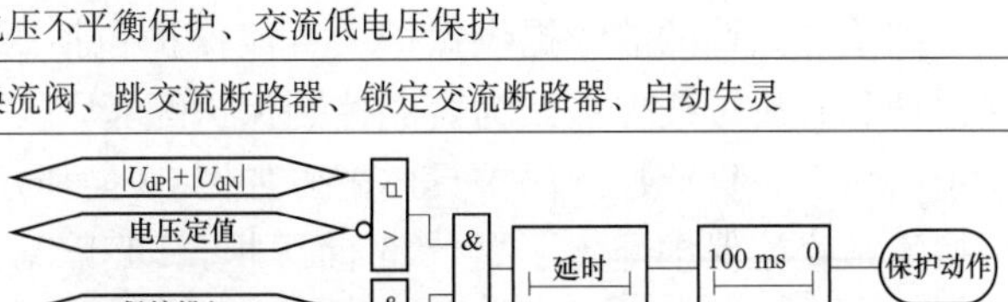

（5）直流母线差动保护。

表 5-20　　　　　　　　　　　　直流母线差动保护

保护区域	直流场
保护的故障	直流线路故障
保护原理	$\|I_{dP}+I_{dP1}+\cdots\|>\Delta$ 或 $\|I_{dN}+I_{dN1}+\cdots\|>\Delta$
后备保护	直流低电压保护
保护动作后果	闭锁换流阀、跳交流断路器、锁定交流断路器、启动失灵
逻辑框图	

（6）直流线路纵差保护。

表 5-21　　　　　　　　　　　　直流线路纵差保护

保护区域	直流场
保护的故障	直流线路故障
保护原理	$\|I_dP-I_{dPos}\|>\Delta$ 或 $\|I_{dN}+I_{dNos}\|>\Delta$
后备保护	直流低电压保护
保护动作后果	闭锁换流阀、跳交流断路器、锁定交流断路器、启动失灵
逻辑框图	

5.7　直流保护装置结构

5.7.1　基本结构

直流保护为完全双重化配置，包括阀、子模块保护和直流保护。阀、子模块保护主要为单个子模块和单个阀臂的故障提供保护。直流保护包括阀侧交流连接线保护、换流阀保护、直流线路保护和直流母线保护，为直流控制保护配套。

以舟定站为例，直流控制保护具体配置如图 5-4 所示。

舟定换流站直流保护配置了共计 6 面屏柜，DFT A/B，DMI1 A/B 屏柜为保护系统与直流控制系统共用，但是保护、控制在这个屏柜中拥有各自独立的 I/O 机箱完成各自所需要的测量功能。

直流控制保护

PCP A　　PCP B

控制保护单元　　控制保护单元

INT　　INT

IEC60044-8总线(点对点)　　现场控制 LAN

DFT A　　DFT B　　DMI A　　DMI B

IO单元　　IO单元　　直流测量接口　　直流测量接口

VBCA　　VBCB　　VBCC

阀控单元　　阀控单元　　阀控单元　　直流测量装置

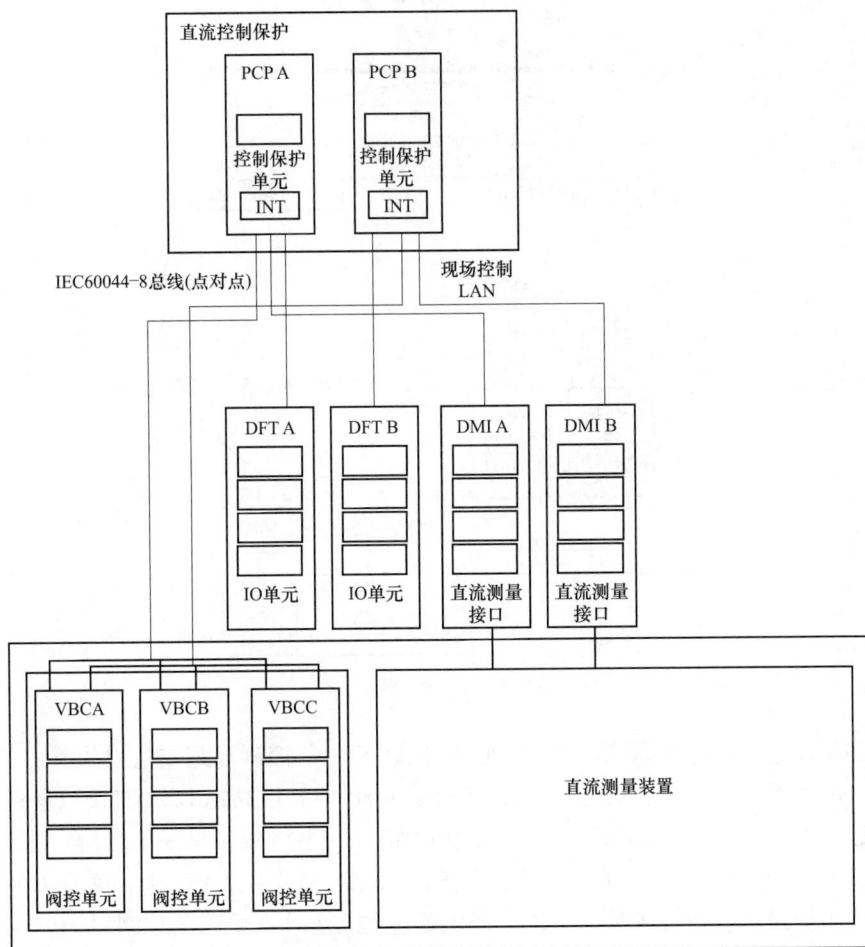

图 5-4　舟定站直流控制保护配置图

本站直流保护配有 2 面屏，分别为直流控制与保护屏 A（PCPA）和直流控制与保护屏 B（PCPB）。两块屏的设计完全相同。两块屏中的直流保护系统均处于运行状态，任意一块屏中的直流保护检测到故障信号均能出口跳闸。

5.7.2　外部接口

直流控制与保护屏的外部接口有以下几种：控制保护系统与运行人员工作站（OWS）的接口，与交直流场接口屏 A、B（AFTA 和 AFTB）的接口和阀基电子设备（VBC）的接口（VBCIO）。整体的系统图如图 5-5 所示。

OWS 通过站 LAN 与控制保护主机相连，能够实时监控控制保护主机中采集的电流、电压等模拟量和断路器、隔离开关等的状态量。同时能够实现运行人员对断路器、隔离开关以及其他设备的操作。

AFT 用于实现对一次系统电压、电流等模拟量以及断路器、隔离开关以及分接头位置等数字量的就地采集与控制。AFT 也是冗余配置，包括 AFTA 和 AFTB 两面屏柜，分别与

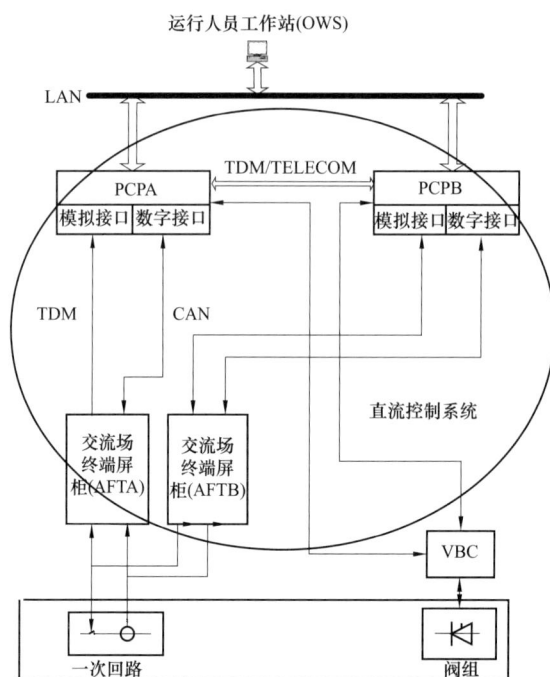

图 5-5　整体的系统图

PCPA 和 PCPB 连接。这样就实现了从 PCP 到 AFT 两条控制通道的完全冗余。AFT 将模拟量采集之后，通过 TDM 总线送至 PCP 主机的 DSP 中，由高速 DSP 对模拟量数据进行处理之后再送至主 CPU 或其他 DSP 中进行闭环控制。AFT 将数字量采集之后，通过 CAN 总线送至 PCI 板卡的 486 中，PCI 板卡将数字量汇总之后送至主 CPU 中，实现 OWS 状态显示以及相关顺控逻辑。运行人员对一次设备的操作通过站 LAN 送至控制保护主机，然后控制保护主机通过 PCI 板卡的 CAN 总线送至 AFT 屏柜，由 IO 板卡实现对开关量的控制输出。

VBC 用于阀控，它和 PCP 之间的接口主要涉及遥测量信息、控制信号、紧急跳闸信号、切换请求信号、阀设备自检正常信号、闭锁信号、晶闸管动作信号、状态量信号等。其具体信号列表和接口形式详见本站的阀控规程。

5.7.3　主要屏面设备

直流保护采用工控机和硬件板卡的形式，故障信号都在监控后台机上显示，PCP 屏上的工控机上，也可以显示控制保护事件信息，但主要用于厂方工程师对设备的维护。由于直流保护是通过 AFT 屏出口的，在每块 AFT 屏中均有一块直流保护跳闸出口连接片（PCPA 对应 AFTA，PCPB 对应 AFTB），另外一块为备用连接片。

直流保护的控制电源也是冗余配置的，每块保护屏分别有来自 2 块直流溃线屏上的 110V 电源。没有装置均采用双电源供电的方式，保证在一路直流电源失缺的情况下，装置仍然能够正常工作。

第 6 章

多端柔性直流输电监控系统

6.1 概　　述

舟定换流站控制系统的总体结构图如图 6－1 所示。换流站 SCADA 系统用于直流输电系统的控制与监视，是换流站交流站控和极控制保护系统等控制设备上层的运行人员控制层级的监控系统。SCADA 系统包括网络设备、SCADA 服务器、各类运行人员工作站、远动工作站、与换流阀 VBE 和阀冷却控制保护系统及各类辅助系统的接口设备等。SCADA 系统完成对交流站控和极控制保护系统、辅助系统等的监视、控制功能，也实现整个换流站事件报警系统的集成等功能。

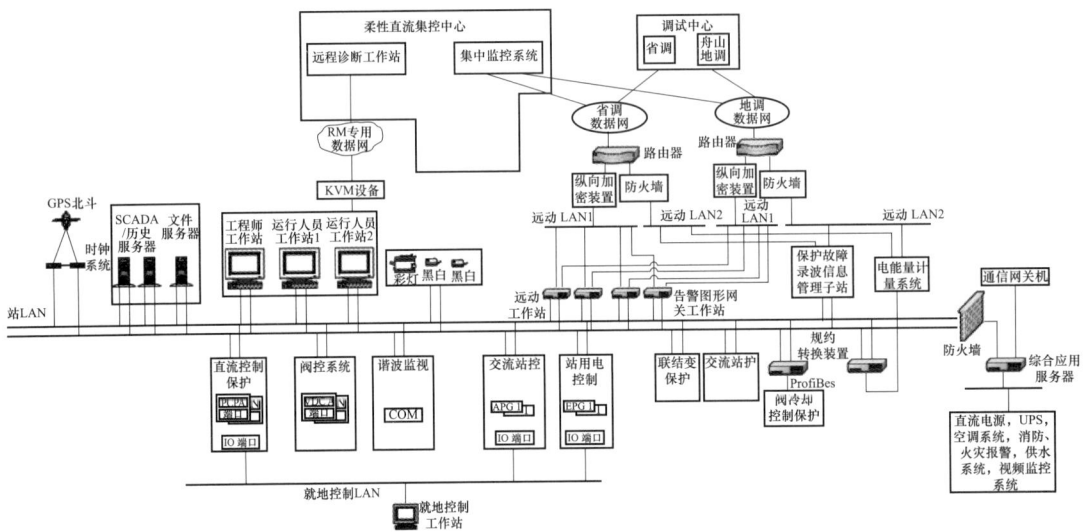

图 6－1　舟定换流站控制系统的总体结构图

SCADA 系统通过冗余的站 LAN 网与控制保护系统进行通信，站 LAN 网采用星型网络结构。运行人员控制系统配置冗余的 SCADA 服务器，实现整个 SCADA 系统的管理、前置采集、SCADA 数据处理、历史数据保存等功能。SCADA 服务器的前置采集功能模块通过冗余站 LAN 网接收控制保护装置发送的换流站监视数据及事件/报警信息并发送到 SCA-DA 功能模块，同时通过站 LAN 网下发运行人员工作站发出的控制指令到相应的控制保护主机。SCADA 功能模块将对接收到的数据进行处理并同步到驻留在 SCADA 服务器和各OWS 上的分布式实时数据库。历史功能则负责存储预先定义的需要保存历史的模拟量和事件到历史数据库（商用库）。SCADA 服务器是整个运行人员控制系统的核心，为了保证 SCADA 服务器的可靠性和安全性，SCADA 服务器采用 UNIX 操作系统。

运行人员控制系统配置多台运行人员工作站，运行人员工作站是换流站主要的人机接口（MMI），是运行人员对控制保护系统进行监视、控制的主要人机交互接口。运行人员工作站通过站 LAN 网与服务器、控制保护主机进行通信。运行人员工作站安装 Windows7 操作系统。按照功能划分，运行人员工作站分为工程师工作站 EWS（兼做文件服务器）、运行人员工作站 OWS。

系统还配置规约转换器，用于接入保护装置以及水冷系统等各种具有通信接口的其他二次系统或辅助系统并将之转换成 SCADA 系统能够适应的通信规约，将这些保护装置及其他二次系统或辅助系统的监视、控制集成在整个 SCADA 系统中。

本规程部分缩写含义如表 6-1 所示。

表 6-1 本规程部分缩写含义

缩写	含义	缩写	含义
OWS	运行人员工作站	OLT	空载加压试验
SCM	站控制与监视	ACC	交流场测控
EWS	工程师工作站	SPC	站用电测控
RFE	充电准备就绪	PCP	直流控制保护
RFO	运行准备就绪	OHM	在线谐波监视

6.2 功 能 配 置

SCADA 系统的功能主要包括：

（1）站 LAN 通信功能。

换流站运行人员控制系统设备（包括服务器、各类运行人员工作站、GPS 主时钟、规约转换器）与远动通信装置、极控、极保护等控制保护系统都接入站 LAN 网并进行通信。通过站 LAN 进行的通信，包括：

运行人员控制系统与交直流控制保护系统之间的通信；

运行人员控制系统自身设备之间的通信；

远动通信装置与交直流控制系统之间的通信。

（2）支撑平台。

系统支撑平台是整个监控系统的核心，主要包括数据库平台、图模库一体化的图形编辑工具和在线显示工具——人机系统、系统管理、权限管理、事件报警、报表管理、数据通信服务、网络监视管理等。

（3）系统管理。

SCADA 系统提供有基于多现场、可远程管理的系统管理平台。通过系统管理可对系统的逻辑组成、软件和硬件的配置等进行管理，也可对系统的在线运行过程进行管理和监视。

（4）分布式实时数据库。

SCADA 系统采用高效数据存取的分布式实时数据库，实现换流站的监视、控制数据存储。同一数据库根据需要可分布于系统各节点，完善的一致性策略保证复本之间的同步更新。运行人员工作站的人机界面访问本地驻存的数据库，极大提高了其访问的快速性。数据库的多复本也可避免单点故障，从而提升了系统的可靠性。在多个应用同时发生访问数据库、在线生成、在线修改数据库时，不影响实时系统的正常运行。实时数据库完全支持 IEC 61970 标准 CIM 模型。

实时数据库管理系统同时提供了相应的数据库维护工具，用于数据库维护的各种操作，包括数据库数据增删修改、数据验证和装库功能等。

（5）商用历史数据库。

冗余的 SCADA 服务器都安装 ORACLE 商用数据库用作历史数据库，用来保存历史数据，包括历史事件、报表数据、趋势数据等。系统同时提供对实时、历史数据的统一查询，而不需人为区分。

（6）图形编辑器。

用来生成各类监视和控制图形，包括各类系统单线图、直流顺控流程图以及直流换流站各种应用的控制窗口等。图形编辑器采用面向对象的图模库一体化技术，用电力元件构建交流场和直流场系统单线图，通过作图方式生成交流场和直流场的系统结构模型并自动生成数据库模型及其前景。图形编辑器中的画面可以集成电力元件、各种背景、图片、列表、棒图、饼图、曲线、仪表图、树型列表等，具有丰富的图形表现方式。

（7）图形在线显示工具（人机接口）。

在线显示工具是换流站运行人员工作站上的人机交互接口，是适用于电力系统自动化显示和控制的图形软件，用来显示由图形编辑器生成的各类监控图形，包括系统单线图、潮流图、直流顺控流程图以及直流换流站各种应用的控制画面等。在线显示工具实现运行人员的控制权限管理、换流站的全部监视功能和控制功能。

（8）事件与报警系统。

交直流控制保护系统的事件/报警信息全部由系统自身产生，经由站 LAN 网发送到SCADA 系统，由 SCADA 系统处理后保存到实时数据库和历史数据库中。运行人员控制系统同时提供相应的事件/报警显示工具，将系统所产生的事件、报警信息，通过人机界面在后台监控中显示出来，以便操作人员及时准确地处理和解决事故。

（9）冗余信号处理。

对于冗余控制系统的冗余信号，SCADA 系统对来自值班系统和备用系统的信号都接收，但人机界面中只显示来自值班系统的信号，同时对于冗余控制命令，只下发到值班控制系统。

（10）曲线功能。

系统的曲线工具是一个完善的集曲线的定义、显示、存放为一体的图形系统。不同于普通曲线工具只能显示一些静态的、单一的曲线，曲线工具可以根据用户的意愿对数据进行实时刷新，还可以将一些定义好的曲线保存起来，以便随时调用。

（11）报表功能。

系统提供类似 Excel 风格的报表，用于定义和显示换流站的日常报表。报表提供定时打印和召唤打印功能，报表也能够定时或随时保存为真实的 Excel 文件。

（12）系统对时。

SCADA 系统的服务器、各类运行人员工作站采用 NTP 与接入站 LAN 网的主时钟进行对时。

（13）与交流保护装置、其他二次系统或辅助系统的接口。

SCADA 系统通过站 LAN 网与规约转换器 RCS9794B 进行接口并通信，将换交流保护测控装置的信息或其他二次系统的信息集成到换流站运行人员监控系统中。

（14）水冷系统的接口。

SCADA 系统配置 RCS9786B 规约转换器，通过 Profibus 总线技术接入水冷系统的信息并转换成 IEC 870 - 5 - 103 规约集成到 SCADA 系统中。

(15) 与远动通信装置的接口。

远动通信装置 RCS9698H 接入站 LAN 网，交直流控制保护系统通过站 LAN 网采用 IEC 870 - 5 - 103 规约与之通信。

6.3 系 统 配 置

SCADA 系统分布在双以太网（站 LAN 网）上，包括 2 台 SCADA 服务器、多台运行人员工作站（分为换流站运行人员工作站和集控中心运行人员工作站）、远动通信装置及控制保护系统等。SCADA 服务器基于 UNIX 操作系统。SCADA 服务器负责控制保护主机与 SCADA 系统之间的数据通信、SCADA 实时数据库的同步、SCADA 系统的管理及历史数据的存储等。OWS 上的人机接口运行于 Windows XP 操作系统，该系统紧跟人机界面的最新技术，着重于高性能、开放式软件结构。系统配置规约转换器用于接入交流保护装置及具有通信接口的辅助系统，将换流站的所有二次系统的监视都集成在 SCADA 系统中。

运行人员控制系统由网络设备、冗余 SCADA 服务器、运行人员工作站、工程师工作站、水冷系统接口 RCS - 9786B、网络打印系统、时钟系统 GPS、远动通信装置 RCS - 9698H、与交流保护装置、其他二次系统或辅助系统的接口 RCS - 9794B 等组成，用双以太网分布式连接。

(1) SCADA 服务器：冗余配置，是整个换流站数据采集、数据处理和计算、历史存储及发送的中心，管理和显示有关的运行信息。SCADA 服务器基于 UNIX 操作系统，将前置（数据采集）服务、SCADA 服务、历史服务集成在一起，负责 SCADA 系统与控制保护系统之间的数据通信、SCADA 实时数据库的同步、SCADA 系统的管理及历史数据的存储等。

(2) 运行人员工作站：运行人员工作站分为换流站运行人员工作站和集控中心运行人员工作站，它是换流站监控系统的主要人机界面，用于监视和控制交直流系统的运行，如单线图的显示和操作控制、报表显示及打印、事件查询和显示以及报警确认、设备状态和参数的查询等。通过运行人员工作站，运行值班人员能够实现全站设备的运行监视和操作控制。

(3) 工程师工作站或维护工作站：用于生成和维护人机界面，录入、修改数据库数据，分析服务器存储的数据，处理报表，分配运行人员的口令和操作权限等，也用于控制保护软件的开发和调试。同时，工程师工作站也起着文件服务器的作用，用于保存故障录波信息、系统 PCD 图、程序源码，等等。

(4) 远动通信装置：用于换流站控制系统和上海地调的接口。

(5) 网络打印系统：实时打印报警事件、定时打印报表，并随时响应运行人员的打印请求。

(6) 时钟系统：接收 GPS 时间并负责与控制保护系统、SCADA 系统、交流保护装置、其他二次系统或辅助系统的时间同步和对时。

(7) 水冷系统接口 RCS - 9786B：在远动通信柜上配有一台 RCS9786B 规约转换器，通过 Profibus 总线技术接入水冷系统的信息。

(8) 与交流保护、其他二次系统或辅助系统装置的接口 RCS9794B：远动通信柜上配有一台 RCS9794B，通过网络口接入交流保护装置的保护信息，通过串口接入其他二次系统或辅助系统如电量计量系统、直流电源系统等，并转换成标准的 IEC103 规约，将相应的信息集成到运行人员控制系统中。

6.4 OWS（运行人员工作站）基本操作

6.4.1 OWS 的启动、登录与退出

启动 OWS 计算机和显示器的电源开关，等 OWS 开机进入操作系统后，等待 5min（PCS9700 柔性直流监控系统自启动时间）后，再点击桌面上的"PCS9700 柔性直流监控系统"快捷方式，或在 DOS 命令行输入"hvdcexplore"命令（如图 6-2 所示），即可启动 OWS 的人机界面（默认进入画面在线窗口）。

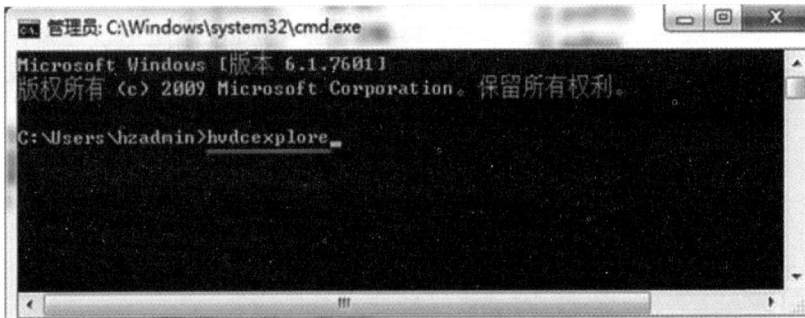

图 6-2 启动 OWS 的人机界面程序

在 OWS 的人机界面中，可以通过导航栏来启动或切换事件告警窗口、谐波监视窗口、报表浏览窗口等，其操作方法是点击导航栏中的"工具"后选择相应的功能按钮进入对应的监视窗口。EWS 的人机界面除了具有 OWS 的功能之外，还增加了保护定值窗口，其中保护定值窗口用于极控制保护装置的定值和动作矩阵查看、整定。

图 6-3 人机对话框

为了保证控制保护系统的安全性，运行人员只有在登录系统后才能执行控制命令操作。运行人员先选择好登录名，再通过键盘输入相应的口令进行登录。如图 6-3 所示。

单击人机界面右下角的 🐾 按钮开始登录过程，OWS 将自动弹出登录窗口，

运行人员选择登录名，输入口令并确认即可。登录的有效时间可以选择：缺省登录时间为 30min；选择分钟/小时为登录有效时间的单位并选择有效时间长度，表示自登录时起的有效时间，到选择的有效时间后将自动退出。登录之后，该图标变为 🐾，再次单击该图标，退出登录，图标变为 🐾。

每个运行人员使用自己的用户名和对应密码登录，运行人员对控制保护系统的控制操作信息记录在事件顺序记录中，而且该事件信息包含由哪一个运行人员进行的操作。

在没有登录的情形下，若运行人员启动每一个遥控或遥调命令时，都将先自动弹出登录

窗口要求先登录，若取消则自动结束控制过程，若登录正确则自动弹出控制窗口进行控制过程。人机界面的登录对事件告警窗口也同时起效。即登录后，运行人员可以进行告警确认、音响复归等操作。退出人机界面，只需点击窗口右上角的关闭图标"X"即可。

6.4.2 窗口切换

进入 OWS 的人机界面之后，通过顶部的导航栏可以方便地打开或切换画面在线的主要监控窗口。导航栏的部分条目只包含一个窗口，点击该条条目可直接切换到对应的窗口；部分条目包含多个窗口，点击该条目将显示其下拉选单可用鼠标选择并打开对应的窗口。切换窗口如图 6-4 所示。

图 6-4 切换窗口

还有一类画面叫作分图，它们是某张主画面的子窗口，反映该画面的局部信息，通过光敏点的形式链接到主窗口。例如：顺控流程中链接了许多分图。

6.4.3 界面显示

（1）断路器。

断路器用矩形表示，矩形的颜色根据断路器状态而变化：

图标	状态
红色实心矩形	合闸位置
红色空心矩形	分闸位置
黄色正方形（非分非合，分合过程中）	中间位置
锁定图片覆盖正方形	开关被锁定
灰色矩形	未连接到控制主机

（2）隔离刀闸。

刀闸与地刀都用横杠表示，但地刀连接有接地符号。与开关一样，刀闸/地刀的颜色取决于设备的状态，除了没有锁定状态之外，其他与开关一致。

图标	状态
连接	合闸位置
断开	分闸位置
黄色（非分非合，分合过程中）	中间位置
灰色	未连接到控制主机

（3）控制模式。

在"顺控流程"窗口中，控制模式或状态用不同颜色的方框表示。

图标	状态
红色	该控制模式方框起作用或达到了该状态
绿色	该控制模式方框无效或不处于该状态

（4）控制保护主计算机的状态显示。

在"站网结构"窗口上，每一个控制保护主机的状态用不同颜色的方框来区分：

图标	状态
黄色	运行模式
绿色	备用模式
红色	服务模式
紫色	试验模式
灰色	与控制保护主机未联通

该窗口除了表示主机的运行状态之外，还对每台控制保护主机附加了一个菱形符号，表示主机是否存在故障及其故障程度：

图标	状态
绿色	正常无故障
粉红色	轻微故障
红色	严重故障
褐色	紧急故障

各状态标示如图 6-5 所示。

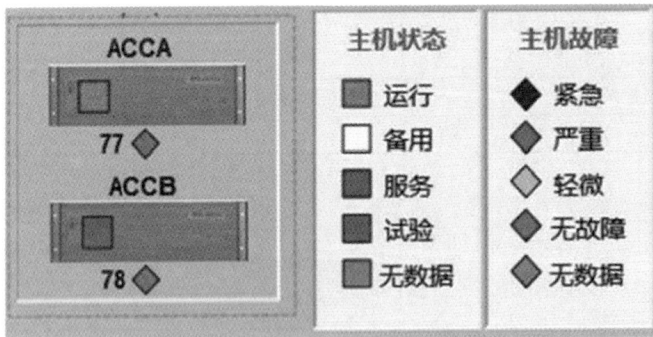

图 6-5　各状态标示

（5）模拟量显示。

在某些需要显示三相电压、电流的窗口中，电流与电压都直接显示三相的值。相电压都已乘 $\sqrt{3}$，可以方便地与系统电压比较。

正常时，窗口中的模拟量一般显示为蓝色，但当 OWS 与控制主机的应用程序未建立连接（如网络不通或主机程序不在运行或后台与系统通信中断）或控制保护主机持续未上送时该信号显示成灰色。

6.4.4 OWS 手动指令

运行人员发出手动指令，无论数字指令（遥控）还是模拟指令（遥调），都通过选择窗口中相应的对象或按钮（鼠标移动到相应对象区域时鼠标形状由箭头变为手型）来触发。开关/刀闸/地刀、顺序控制或其他数字指令的操作可以直接通过鼠标左键点击窗口中的对象启动，也可以先将鼠标移动到窗口中的对象再右击选择"遥控"进行启动；而开关的锁定操作只能通过鼠标右键选择相应的操作项才能启动；模拟量指令可以直接通过鼠标左键点击窗口中的模拟量对象启动，也可以先将鼠标移动到窗口中的模拟量对象再右击选择"遥调"进行启动。在界面上触发控制操作时，如果已登录则弹出对应的操作窗口；如果尚未登录，则先弹出用户登录窗口，登录之后自动弹出对应的操作窗口，若取消登录则自动结束该控制操作。

正常情况下，将弹出遥控窗口，该遥控将根据当前的状态自动显示能够进行的操作指令并闪烁。开关操作窗口如图 6-6 所示。

点击闪烁显示的操作指令，该操作选择指令将发送到相应的控制保护系统，如果选择的操作指令由于控制保护系统定义的联锁条件不满足而不允许操作，将自动弹出联锁信息不满足窗口并列出其不允许操作的原因。条件不满窗口如图 6-7 所示。

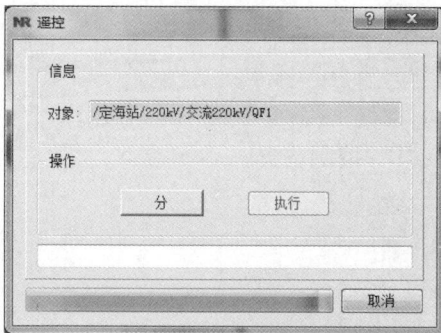

图 6-6　开关操作窗口　　　　　图 6-7　条件不满窗口

如果条件满足，在遥控窗口中将提示"选择成功"信息，同时执行按钮闪烁。操作窗口如图 6-8 所示。

点击"执行"按钮，该操作执行指令将发送到相应的控制保护系统执行，如果联锁条件满足则控制保护系统将执行相应的控制操作，同时遥控窗口将自动关闭。开关遥控执行窗口如图 6-9 所示。

在命令执行之前任何时刻，都可以点击"取消"按钮，取消本次操作，进行取消确认后再关闭遥控窗口。

触发一个控制指令之后，若在一分钟之内没有执行操作指令选择，则遥控操作将自动中止。在进行操作指令选择之后的一分钟之内没有进行"执行"操作，系统将自动取消本次操作。

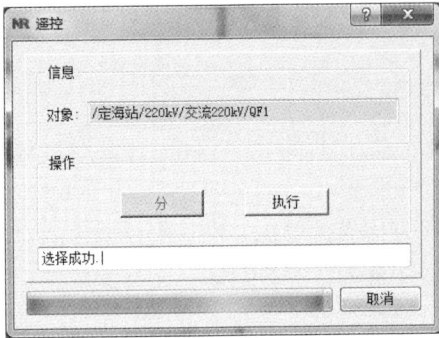

图 6-8 操作窗口

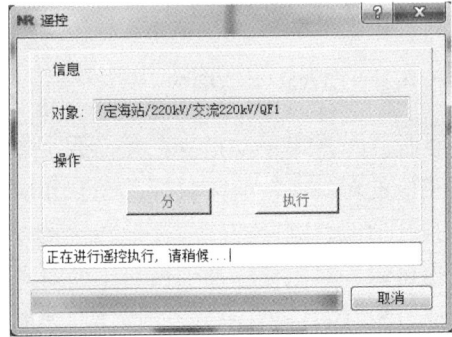

图 6-9 开关遥控执行窗口

如果一台 OWS 启动了一个控制操作且已进行了命令选择操作但未完成命令执行之前，其他 OWS 再启动任意控制操作，则不能进行相应的控制指令选择。若一台 OWS 触发了控制操作但未进行控制指令选择之前，则不影响其他 OWS 的操作。该机制保证了整个系统在同一时刻只能进行一个控制操作。

6.5 控 制 窗 口

6.5.1 控制窗口

换流站的厂站单线图窗口主要包括主接线窗口、顺控流程窗口、站网结构窗口、阀组状态监视窗口、阀冷却系统监视窗口、站用电源窗口。

通用分图主要有：RFE、RFO、开路试验 OLT、控制位置。

6.5.2 厂站单线图

6.5.2.1 主接线窗口

主接线窗口显示开关场、直流系统的运行状态和运行参数。

母线电压显示线电压。

当断路器/隔离开关/接地刀闸符号为灰色，表示 OWS 与对应控制主机的应用程序未建立连接或该设备状态持续未上送。

当模拟量显示为灰色，表示 OWS 与控制主机的应用程序未建立连接或该模拟量值持续未上送。

所有断路器/隔离开关/接地刀闸都能通过该窗口进行控制操作。其操作包括合闸/分闸以及断路器的锁定/解除锁定，而手动隔离开关则不能进行操作。

若要对断路器/隔离开关/接地刀闸进行操作，则直接单击相应的断路器/隔离开关/接地刀闸符号，即会自动弹出控制命令窗口或提示窗口。控制过程举例如下：

断路器 QF₁ 目前的状态为分位 ███，要对它进行控合操作。在交流场中单击该开关前景图元，弹出遥控窗口，如图 6-10 所示。

单击闪烁的"合"按钮，出现如图 6-11 所示界面。

图 6-10 断路器操作窗口

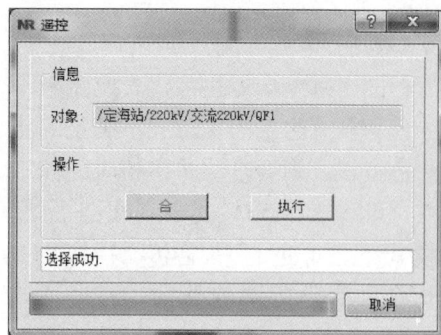

图 6-11 断路器操作窗口

单击闪烁的"执行"按钮，出现图 6-12。

片刻，遥控窗口自动关闭，控制成功完成。断路器 QF_1 变成了红色 ，代表合位。

对断路器进行锁定、解除锁定的操作。当断路器处于分位时，可进行锁定操作。方法为右键单击所要操作的断路器，在下拉列表中选择"锁定"，操作成功之后断路器前景图元上将覆盖一个锁状图片，表示该断路器已经被成功锁定。解除锁定操作方法类似，右键单击，在弹出列表中选择"解除锁定"，操作成功后断路器上的锁状图片将消失。

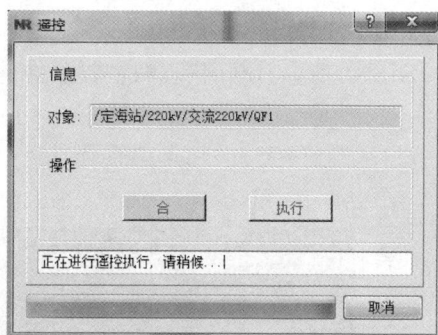

图 6-12 断路器操作窗口

"分接头控制"实现对联结变压器分接头的调节。可以在手动与自动之间切换。如果设置成手动控制模式，运行人员可以用" "和" "按钮升/降分接头位置。

在一个时间点，只能在一台 OWS 上进行遥控操作，不能同时在两台 OWS 上同时进行操作。

6.5.2.2 顺序控制窗口（Flow Chart Window）

该窗口是运行人员对柔性直流系统的主要控制监视窗口。通过它可以显示或改变下述运行模式：

1）运行方式切换。

有源 HVDC/无源 HVDC/STATCOM。

2）顺序控制。

线路隔离/线路连接。

极隔离/极连接。

断电/充电。

停运/运行。

3）直流控制。

有功控制/电压控制。

频率控制/功率控制。

直流电压自动控制/手动控制。

4）交流控制。

无功控制/电压控制。

流程图中每一个方块都代表换流极一个运行状态或顺序控制状态，红色为当前达到的状态，绿色为没有达到的状态或不满足的状态，若想达到某一个希望的状态，则单击代表该状态的绿色方块，则会自动弹出相应的控制命令窗口或提示窗口。

在"功率控制"模式下，可进行功率指令和变化速率的整定；在"直流电压手动控制"模式下，可进行直流电压指令的整定；在"交流电压控制"模式下，可进行交流电压指令和变化速率的整定；在"无功控制"模式下，可进行无功指令和变化速率的整定。

点击以下按钮可查看相应的信息或及进行相关功能试验。

OLT：查看及进行开路试验。

RFE：查看 RFE 状态的主要条件是否满足。

RFO：查看 RFO 状态的主要条件是否满足。

控制位置：查看及进行控制位置切换操作。

顺序控制界面如图 6-13 所示。

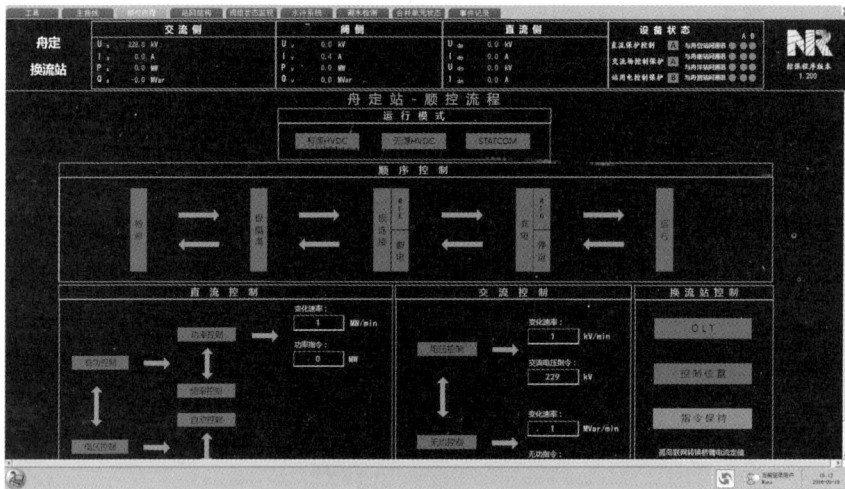

图 6-13 顺序控制界面

6.5.2.3 站网结构窗口

该窗口显示 SCADA 的 LAN 网结构，包括 SCADA 设备和控制保护主机。该窗口显示各控制保护主机的运行状态及其故障情况（见图 6-14）。

在 ACC/SPC/PCP 主机下发显示了对应控制保护主机的状态信息，运行人员能够查看和改变控制/保护主机的运行状态，包括运行/备用的切换、服务/试验的切换。针对 PCP 主机，还可进行手动触发录波功能。

当一台控制保护主机启动后自动转入"试验"模式，若要主机切换到"工作"模式时，必须由运行人员改变系统到"工作"模式。如果主机当前没有故障，它将自动切换

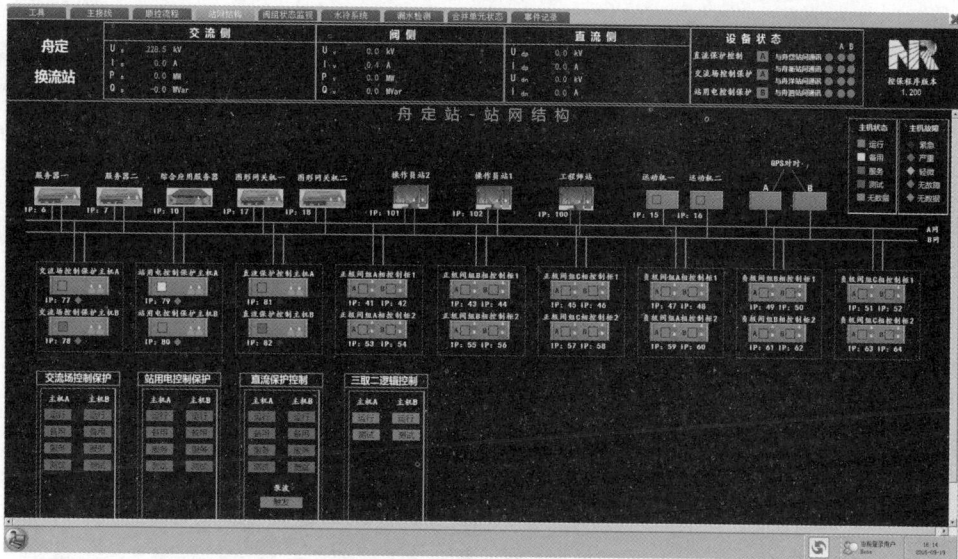

图 6-14 舟定站站网结构图

到"备用"或"运行"模式，若当前没有运行系统则切换到运行系统，反之，切换到备用系统。

6.5.2.4 阀组状态监视窗口

该窗口显示阀组各桥臂的 SMC 模块状态，同时还显示了该桥臂最大 5 个 SMC 模块的电压、最小 5 个 SMC 模块的电压以及 SMC 模块的平均电压（见图 6-15）。

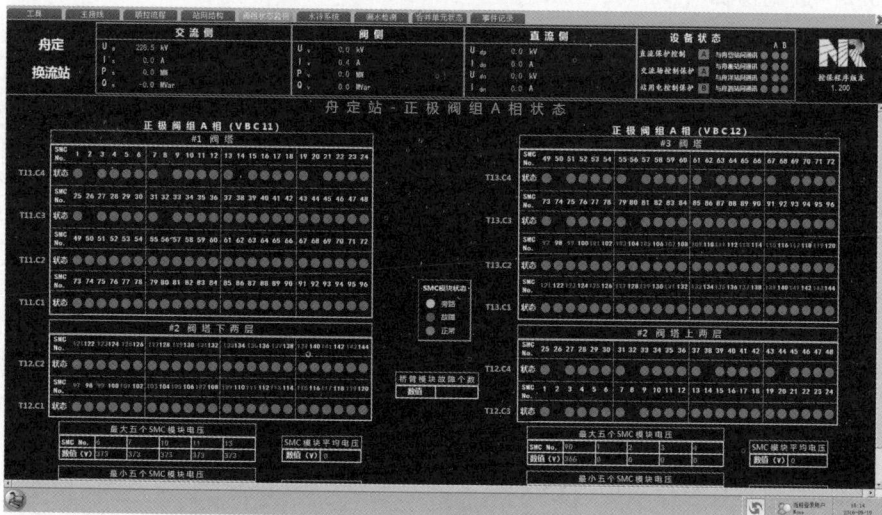

图 6-15 A 相上桥臂阀组状态监测图

6.5.2.5 阀组水冷系统窗口

该窗口显示阀组冷却系统水循环回路、主要的运行参数和主要设备的运行情况。

6.5.2.6　站用电源窗口

该窗口显示辅助电源（站服务电源）单线图。

站用电窗口可以对所有自动开关进行控制；部分地刀只能手动操作，故不能通过 OWS 进行操作。

6.5.2.7　在线谐波监视（OHM）窗口

该窗口将显示当前时刻某一个量测点计算出的谐波值。

该窗口一次只能显示一个点的谐波值，测量点可以通过几个选择框进行选择，如网侧电压/电流，阀侧电流，桥臂电流，A/B/C 相。

可以人工输入要显示的谐波次数范围。可以从棒图中选择某次谐波或直接输入某次谐波，显示其与基波的百分比。

可以通过左下角的标尺改变棒图的纵坐标，从而使各次谐波的棒图显示更清晰、更协调。

6.5.3　二次控制窗口

6.5.3.1　遥控窗口

大多数控制模式转换、分接头升降、断路器隔离开关分合等操作都通过弹出遥控窗口来完成。要完成一个遥控，运行人员必须按三步过程操作：

1）选择一个对象（一个断路器、一个隔离开关、一个顺序或控制模式对象等）；

2）选择要做什么（打开、闭合等）；

3）选择执行按钮。

使用该种三步操作方法，将大大减少发出错误指令的机率。

在第 3 步完成之前，在其他各步都可以取消该指令。

6.5.3.2　遥调窗口（Analog Order）

遥调二次窗口用来设置变化速率和指令等模拟值，模拟指令可通过 3 步来完成。

1）在控制窗口中选择对象；

2）在模拟指令窗口中直接输入模拟值或使用轮盘中"＋"、"－"来增加、减少值；

3）按下"输入"按钮进行命令选择；

4）按下"执行"按钮进行命令执行。

使用该种操作方法，将大大减少发出错误指令的机率。

在第 4 步完成之前，在其他各步都可以取消该指令。

6.5.3.3　不允许窗口（NoPermit）

若执行一条控制指令而其联锁条件不满足的话，将自动弹出该窗口并显示该控制操作不能执行的原因。所有控制指令的联锁条件都在程序中定义，而其相关解释内容则定义在 SCM 服务器中。

6.5.3.4　充电准备就绪窗口（RFE）

充电准备就绪窗口将列出 RFE 的条件及其是否满足，满足的条件标注"OK"。如果所有的 RFE 条件都满足的话，顺控流程图窗口中的 RFE 方框将显示红色。

6.5.3.5　运行准备就绪窗口（RFO）

运行准备就绪窗口将列出 RFO 的条件及其是否满足，满足的条件标注"OK"。如果所有的 RFO 条件都满足的话,顺控流程图窗口中的 RFO 方框将显示红色。

6.5.3.6 控制位置窗口 (Control Location)

1) 站控制与远方控制。通过 SCADA 系统,控制保护系统可以从 2 个不同的位置进行控制:

站控制:从任意 OWS 控制

远方控制:从任意一个调度中心或集控中心控制

如果运行人员按下相关的按钮,可以根据下表对每一个定义的访问区域进行控制位置切换。

换流站各访问区域的定义见表 6-2。

表 6-2 换流站各访问区域的定义

序号	访问区域	包含的控制功能	系统
1	直流侧	—PCP 系统所采集的断路器、隔离开关、接地刀闸 —分接头控制 —顺序控制 —模式切换 —指令调节 —空载加压试验	PCP A/B
2	交流侧	—ACC 系统所采集的断路器、隔离开关、接地刀闸	ACC A/B
3	辅助电源	—SPC 系统所采集的断路器、隔离开关、接地刀闸	SPC A/B

2) 就地控制。进入控制小室,将该小室的就地控制屏的把手打到就地控制,通过就地工作站进行柔性直流控制系统的就地控制操作。

6.5.3.7 空载加压试验 (OLT) 窗口

该窗口显示空载加压试验(OLT)期间的相关信息与指令。

OLT 可以启用/停用,OLT 模式可以选择为手动或自动。当 OLT 启用且解锁时,开路试验将开始。

如果 OLT 在手动模式,直流电压将按照预先定义的变化速率升到指定的参考电压水平并维持在该参考电压水平,除非参考电压被改变或闭锁(如果 OLT 成功的话)。

如果 OLT 在自动模式,直流电压将按照预先定义的变化速率升到指定的参考电压水平并在一段预先定义的时间内维持该参考电压水平,然后再降到设定的直流电压最小值(如果 OLT 成功的话)。

该窗口将显示 OLT 的启动条件,RFO 与 OLT 必须满足。

该窗口还将显示直流电压(Udc),以便于监视测试。

备注:

在 OLT 启动之前,两端换流站必须满足 OLT 状态的 RFO,这是运行人员协调 OLT 的职责。在一端换流站起动 OLT 之前,另一端换流站必须隔离并确保安全。如果站间通信可用,另一端换流站要传输 OLT 状态到试验换流站。如果站间通信不可用,必须通过电话线进行站间的协调。

两个换流站的运行人员必须服从将起动 OLT 的换流站。

运行人员必须确保另一端换流站中母线隔离开关与直流线路接地刀闸是打开的。

另一端的运行人员必须确保在 OLT 试验期间不操作上述提到的刀闸。

6.6 事件报警窗口

事件报警用列表显示，可以通过导航栏的"事件记录"功能按钮切换到事件告警窗口。事件报警列表窗口用于监视报警和事件，共有 6 个不同的列表窗口：

1）事件列表；

2）告警列表；

3）故障列表；

4）历史事件列表；

5）系统告警；

6）历史系统告警。

这些列表大同小异，各个列表的信息和各行如表 6-3 所示。

表 6-3　　　　　　　　　　　　各个列表的信息

日期	年、月、日，格式：YYYY-MM-DD
时间	精确到毫秒的时间，格式：HH：MM：SS：mmm，事件时标定义为事件发生的时间
主机（MC）	产生事件的主计算机
系统（A/B）	产生事件的系统（A 或 B）
报警组	设备组或报警产生的控制软件
事件	带有嵌入值的事件内容和报警点状态
严重等级	正常（灰色）、轻微（绿色）、报警（黄色）、紧急（红色）

主机（MC）缩写含义列表如表 6-4 所示。

表 6-4　　　　　　　　　　　　主机（MC）缩写含义列表

缩写	对应的主计算机
S1P1PCP1	站 1 极控制保护主机
S1ACC	站 1 交流站控制主机
S1SPC	站 1 站用电系统
OHM	谐波监视系统
SCM	系统服务器

事件报警列表窗口都按时间顺序排列，即最新产生的事件报警显示在窗口最下部，最早的事件列表显示在窗口最上部。事件列表最多可以显示 20 000 条；告警列表最多可以显示

15 000 条；故障列表最多可以显示 50 000 条；系统告警最多可以显示 5000 条；历史事件列表和历史系统告警则根据选择结果的数量显示。

事件报警列表窗口提供垂直滚动条和移动按键可以翻页或移动，点击滚动条空白处为向上或向下翻页，点击上部的向上或下部的向下单箭头则向上或向下移动一行，也可以在垂直滚动条的任意位置用鼠标滚轮向上或向下滚动移动，每次移动 3 行。点击上部的向上双箭头则将移动到第一行，点击下部的向下双箭头则将移动到最后一行。

鼠标移动到事件/故障/告警列表的任意一行，鼠标下面将显示该条事件/报警的"PointId"信息并保持 10s。

事件告警窗口底部工具栏中定义了"登录/退出登录"、"暂停"、"全部确认"、"事件告警过滤"、"打印"、"设置"、"音响确认"、"音响使能"/"音响抑制"等功能按钮。

登录、退出用于事件报警系统的运行人员登录、退出。只有运行人员登录之后才能对报警确认和复归音响告警。用户登录后，可以通过"音响使能"/"音响抑制"抑制/启用音响告警，同时可以通过"设置"按钮对事件报警的背景颜色、不同严重性等级的事件显示颜色、字体等进行在线设置或修改。

"暂停"按钮为事件暂停刷新。一般情况下，当有新事件或新报警产生时所查看的列表将自动刷新且滚动条的当前位置将自动移动。若按下暂停按钮，即使有新事件或新报警产生时列表将不会自动刷新，只有再次点击"暂停"按钮将其复归才恢复自动刷新。

通过"打印"按钮，运行人员可以选择打印事件信息。无论事件报警系统切换为哪一种列表，"打印"按钮都有效，但选择打印时打印的内容为当前有效列表中的内容。打印的操作步骤如下：先按下"打印"按钮，将弹出窗口提示"选择起始时间和结束时间"，若按下"取消"按钮，则结束打印操作，若按下"确认"按钮，继续以下操作完成打印；选择起始行和终止行；再选择"打印"按钮，并选择"文件"按钮或"打印机"按钮；若选择打印到文件则"选择文件路径并输入文件名"然后保存，若选择打印到打印机则选择打印机然后打印。

当产生一条告警类事件（严重性等级为轻微、报警、紧急）时将触发音响告警，只有按下"音响确认"将音响告警消音，否则音响告警将持续发出。音响告警复归之后，若再产生新的告警类事件，将再次触发新的音响告警。严重性等级为轻微、报警、紧急的事件的告警声音各不相同。在音响告警确认之前，若产生两类或三类严重性等级事件（无论顺序先后）将优先发出高等级报警的声音。假如先产生一条低等级的报警将触发该等级的报警声音，若再新产生一条高等级的告警，则音响告警将转换为高等级的报警声音；但在存在高等级的报警声音时，即使新产生低等级的报警，音响告警仍将保持原先的高等级的报警声音。在调试期间或其他不希望触发音响告警的特殊时间段，可以由系统管理员通过"音响使能"/"音响抑制"按钮暂时抑制音响告警。

"事件过滤"按钮用于定义挑选事件的条件，将在事件列表和历史事件列表中描述。

"全部确认"按钮用于全部确认告警列表中的内容，将在报警列表中描述。

6.6.1 事件列表

该列表按时间顺序显示过去产生的最多 20 000 条事件，也可以利用事件过滤功能来指定哪些事件要显示，过滤功能将在事件过滤窗口中描述（见图 6-16）。

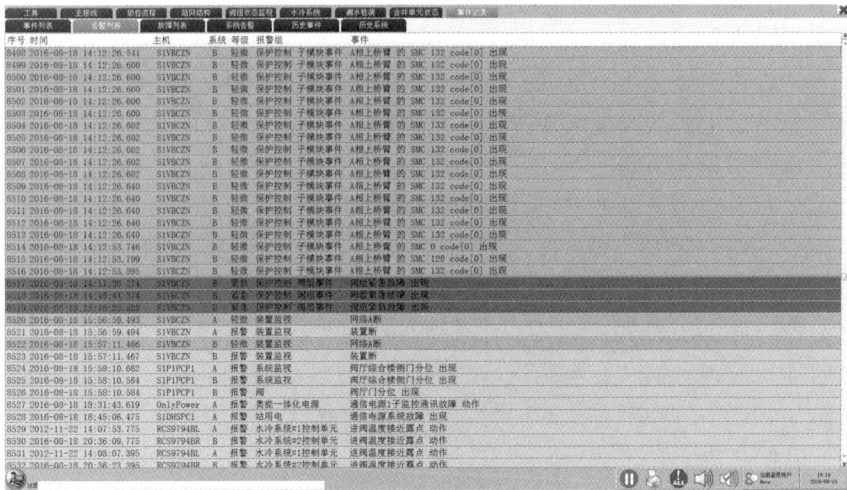

图 6-16　告警窗口

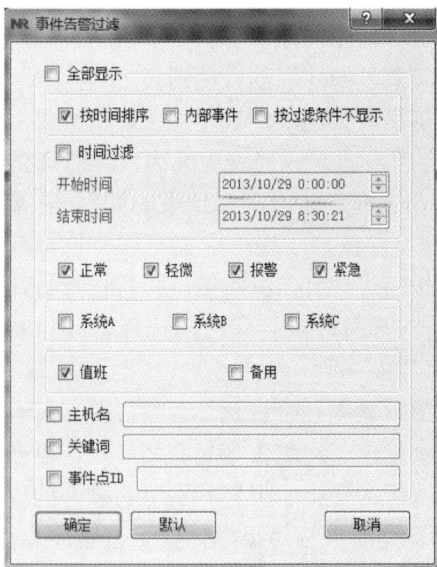

图 6-17　时间告警过滤窗口

按下"⏳"事件过滤功能按钮,即弹出"事件过滤"窗口(见图 6-17)。

缺省的过滤事件是只显示来自值班系统的事件,内部事件不显示。

过滤功能用于定义事件选择条件从事件数据库中挑选显示事件。运行人员能够设置查询条件,包含日期和时间、严重等级、主机名、关键词等。在主机名、关键词中,可以使用通配符(＊)和分隔符(;)。能够选择查看内部事件、来自备用系统的事件、来自值班系统的事件、来自 A 系统或/与 B 系统的事件,也可以选择显示所有事件(在时间范围之内),也可以使时间范围不起作用。

可以选择查看某类系统的事件,需要选择"主机名"(打勾)并输入相应的主机名称。主机名称输入框中可以使用通配符(＊)和分隔符(;),如＊ACC＊、＊PCP＊、＊PCP＊;＊ACC＊等。

可以选择查看带有指定关键字的事件,需要选择"关键词"(打勾)并输入相应的关键字,关键字输入框中可以使用通配符(＊)和分隔符(;),如＊控制＊、＊故障、＊控制＊;＊故障等。

可以选择查看同一类"PointId"的事件,需要选择"事件点 ID"(打勾)并输入相应的"PointId",关键字输入框中可以使用通配符(＊)和分隔符(;)。

如要恢复到缺省设置,点击"默认"按钮即可。

选择好或定义好事件过滤条件,运行人员只须按下"确定"按钮,即可显示相应的事件。若按下"取消"按钮,则定义的过滤条件不起作用。

事件过滤的条件定义具有记忆功能，即弹出"事件过滤"窗口时，显示上次定义的条件。

6.6.2　告警列表

该列表按时间顺序显示过去产生的未运行人员确认的最多15 000条分类为告警（包括轻微、报警、紧急）的事件。不同的严重等级用不同的颜色显示，如同前边描述的一样（见图6-18）。

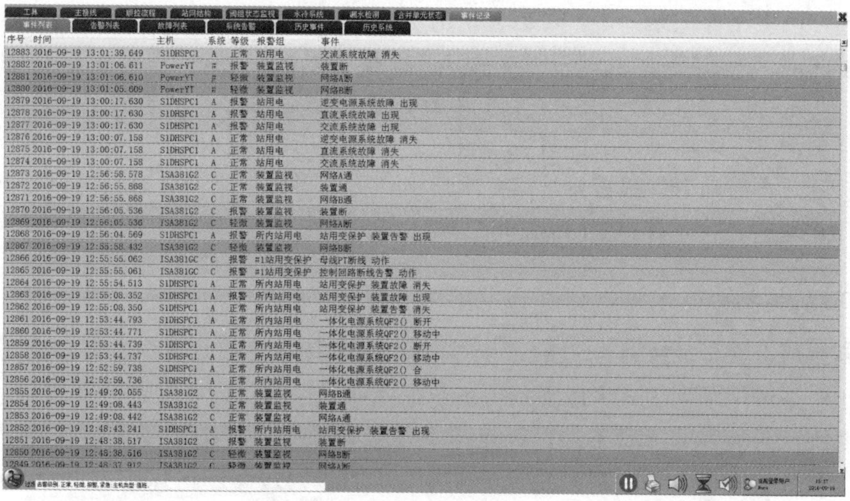

图6-18　告警列表窗口

可以在该表中对报警进行确认，报警可以一行一行地确认，也可以一次性确认全部报警行。单行报警确认的方法：双击待确认的报警行，在弹出的提示框中点击"确定"按钮即可确认该行告警，若选择"取消"按钮则放弃该行报警确认。确认全部报警的方法：先选择"⬤"全部确认功能按钮，在弹出的提示框中点击"确定"按钮即可一次性确认全部报警行，若选择"取消"按钮则放弃全部确认操作。一旦一条报警被确认，该报警条将从该告警列表中移去，即使该故障在控制保护系统中并未复归（即仍然存在）。报警确认表示运行人员已经知道并接受控制保护新产生了或曾经产生过报警，其操作实际并不影响该报警的复归。报警确认功能是一个快速查看新报警的有效工具。

6.6.3　故障列表

该列表按故障等级顺序显示所有的永久故障（即当前存在的分类为报警的事件），紧急等级的事件显示在最下方，报警等级的事件显示在中间，轻微等级的事件显示在最上方。在该表中报警就像它们产生和复归的一样进进出出。当控制系统中的报警信号一经产生，该列表就会自动显示相应的一行信息；控制系统中的报警信号一经复归，该表中的相应报警行就自动消失。报警列表中的报警确认对故障列表的显示没有任何影响。

6.6.4　系统告警列表

该列表按时间顺序显示监控系统后台过去产生的最多5000条的事件，包括服务器、各类运行人员工作站的通信中断/恢复、节点故障/恢复、应用异常/恢复、磁盘空间不足/恢复、值班/备用切换等信息。

6.6.5　历史事件列表

SCADA系统接收到一条事件信息时除了保存到实时数据库之外，还同时保存到历史数据库中。通过历史事件记录列表，可以显示历史数据库中保存的历史事件。

历史事件记录列表的过滤条件通过点击事件报警系统"▧"事件过滤功能按钮弹出"历史事件告警过滤"窗口来定义。"历史事件告警过滤"窗口与"事件过滤"窗口完全相同，其选择和定义方法参见"事件过滤"窗口。但注意历史事件列表在过滤时需要选择"时间过滤"选项，在启动事件报警系统第一次切换到历史事件记录列表时其内容为空，只有定义过滤条件并确定之后才有相应内容。

6.6.6　历史系统告警列表

监控系统后台产生的事件信息除了保存到实时数据库之外，还同时保存到历史数据库中。通过历史系统记录列表，可以显示历史数据库中保存的历史系统告警事件。

历史系统记录列表的过滤条件通过点击事件报警系统上方的"▧"事件过滤功能按钮弹出"历史系统告警过滤"窗口来定义。"历史系统告警过滤"窗口中可以定义起始日期、时间和终止日期、时间，也可以选择告警等级。但注意历史系统记录列表在过滤时需要选择"时间过滤"选项，在启动事件报警系统第一次切换到历史系统记录列表时其内容为空，只有定义检索条件并确定之后才有相应内容。

6.7　趋　势　窗　口

OWS提供两种趋势显示对象：实时趋势和历史趋势。实时趋势就是实时显示该模拟量的趋势曲线状态；历史趋势就是可以查看到该模拟量的历史趋势曲线状态。

6.7.1　实时趋势

通过实时趋势可以监视控制变量的实时变化趋势，如直流电流、直流电压等。打开该变量所在的窗口，右键点击该趋势变量，选择"实时曲线"，弹出该变量的实时趋势窗口。

实时趋势窗口中的纵坐标会根据该变量值进行自动调整，这样做的目的是为了使不同数量级的变量都能够较好地显示。

实时趋势值并不存储到磁盘或文件中用于日后显示和分析，只是显示在趋势窗口上，在实时趋势曲线中只能反映当前时刻该变量的趋势走向。

6.7.2　历史趋势

历史趋势提供OWS应用中预先定义的控制变量的过去一段日期和时间的数据"快照

（snapshot）"。预先定义的控制变量存储在历史库中，打开历史趋势曲线后，就会根据需要查询的时间从数据库中读取数据进行显示。打开该变量所在的窗口，右键点击该趋势变量，选择"历史曲线"，弹出该变量的历史趋势窗口。

历史趋势窗口中的纵坐标会根据该变量值进行自动调整，这样做的目的是为了使不同数量级的变量都能够较好地显示。

第 7 章

柔性直流系统设备状态定义和启停流程

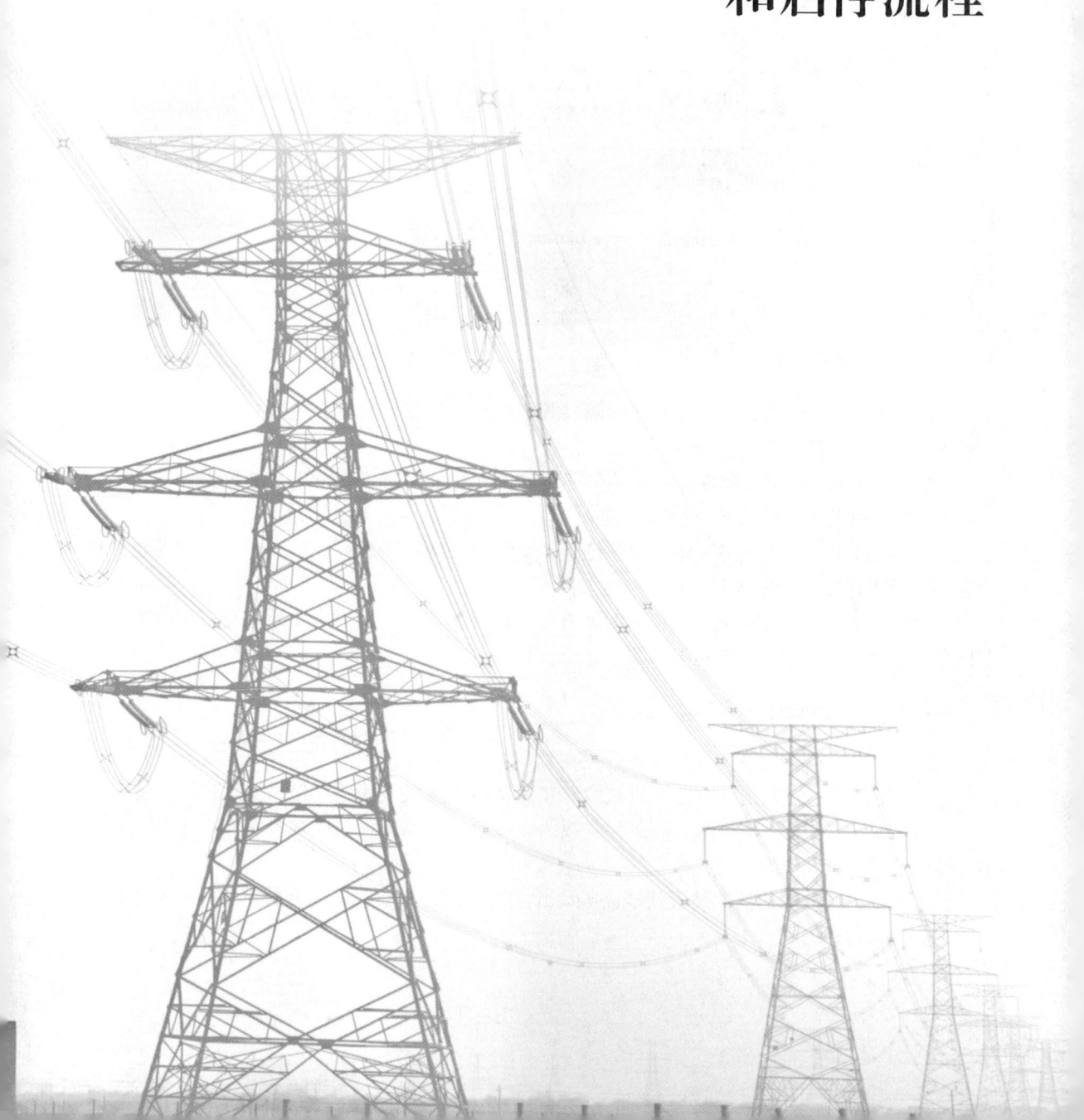

7.1 换流站设备状态定义

舟山柔直换流站一次主要设备包括交流线路、直流线路、直流母线、换流器（联结变＋换流阀组）。换流站运行方式包括有源 HVDC 方式、无源 HVDC 方式、STATCOM 方式，不同运行方式设备状态有所不同，换流站间隔划分如图 7－1 所示。

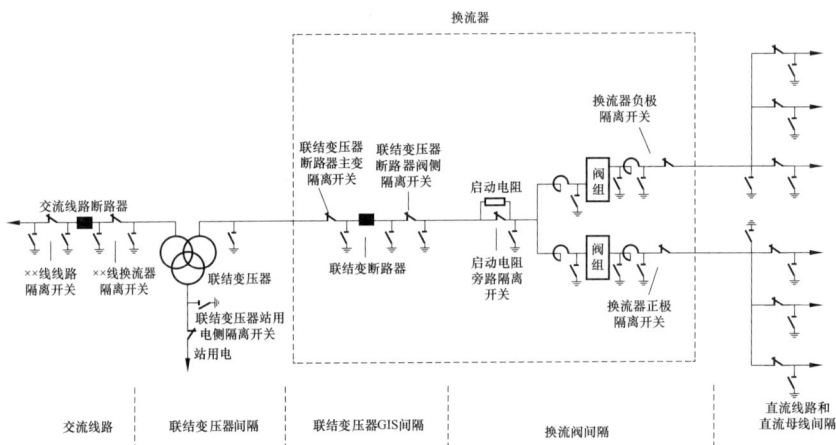

图 7－1　换流站间隔划分图

7.1.1　交流线路

（1）检修：交流线路断路器和两侧隔离开关在拉开位置，交流进线断路器两侧接地刀闸和线路隔离开关接地刀闸在合上位置。

（2）冷备用：交流线路断路器和两侧隔离开关在拉开位置，交流进线断路器两侧接地刀闸和线路隔离开关接地刀闸在拉开位置。

（3）热备用：交流线路断路器拉开位置，交流开关两侧隔离开关合上位置，交流进线断路器两侧接地刀闸和线路隔离开关接地刀闸在拉开位置。

（4）运行：交流线路断路器和两侧隔离开关在合上位置，交流进线断路器两侧接地刀闸和线路隔离开关接地刀闸在拉开位置。

7.1.2　直流线路

（1）检修：直流线路正负极隔离开关在拉开位置，线路接地刀闸在合上位置。

（2）冷备用：安全措施拆除，直流线路正负极隔离开关及线路接地刀闸在拉开位置。

（3）运行：安全措施拆除，相关保护投入，该直流线路正负极隔离开关在合上位置，线路接地刀闸在拉开位置。

注：无直流母线的换流站直流线路隔离开关和换流器正负极隔离开关共用，定义为换流器正负极隔离开关。

7.1.3 直流母线

（1）检修：直流母线上所有直流线路隔离开关在拉开位置，直流母线接地刀闸在合上位置。

（2）冷备用：直流母线上所有直流线路隔离开关在拉开位置，直流母线接地刀闸在拉开位置。

（3）运行：直流母线上任一直流线路隔离开关在合上位置，直流母线接地刀闸在拉开位置。

7.1.4 联结变压器

（1）检修：联结变压器各侧隔离开关在拉开位置，交流线路断路器和两侧隔离开关在拉开位置，联结变压器各侧接地刀闸在合上位置。

（2）冷备用：联结变压器各侧隔离开关在拉开位置，交流线路断路器和两侧隔离开关在拉开位置，联结变压器各侧接地刀闸在拉开位置。

（3）热备用：联结变压器各侧隔离开关在合上位置，交流线路断路器两侧隔离开关在合上位置，交流线路断路器在拉开位置，联结变压器各侧接地刀闸在拉开位置。

（4）运行：联结变压器各侧隔离开关在合上位置，交流线路断路器及两侧隔离开关在合上位置，联结变压器各侧接地刀闸在拉开位置。

7.1.5 换流阀（组）

（1）检修：启动电阻旁路隔离开关拉开位置，换流器正负极隔离开关拉开位置，换流阀（组）相关接地刀闸在合上位置。

（2）冷备用：安全措施拆除，启动电阻旁路隔离开关拉开位置，换流器正负极隔离开关拉开位置，换流阀（组）相关接地刀闸在拉开位置。

（3）极连接：启动电阻旁路隔离开关拉开位置，换流器正负极隔离开关合上位置，换流阀（组）相关接地刀闸在拉开位置，阀闭锁。

（4）充电：

1）HVDC 充电：启动电阻旁路隔离开关合上位置，换流器正负极隔离开关合上位置，换流阀（组）相关接地刀闸在拉开位置，阀闭锁。

2）STATCOM 充电：启动电阻旁路隔离开关合上位置，换流器正负极隔离开关拉开位置，换流阀（组）相关接地刀闸在拉开位置，阀闭锁。

（5）运行：

1）有源 HVDC 运行：启动电阻旁路隔离开关合上位置，换流器正负极隔离开关合上位置，换流阀（组）相关接地刀闸在拉开位置，阀以有源 HVDC 控制方式触发导通。

2）无源 HVDC 运行：启动电阻旁路隔离开关合上位置，换流器正负极隔离开关合上位置，换流阀（组）相关接地刀闸在拉开位置，阀以无源 HVDC 控制方式触发导通。

3）STATCOM 运行：启动电阻旁路隔离开关合上位置，换流器正负极隔离开关拉开位置，换流阀（组）相关接地刀闸在拉开位置，阀以 STATCOM 控制方式触发导通。

7.1.6　换流器

（1）检修：联结变压器及换流阀（组）在检修状态，如图7-2所示。

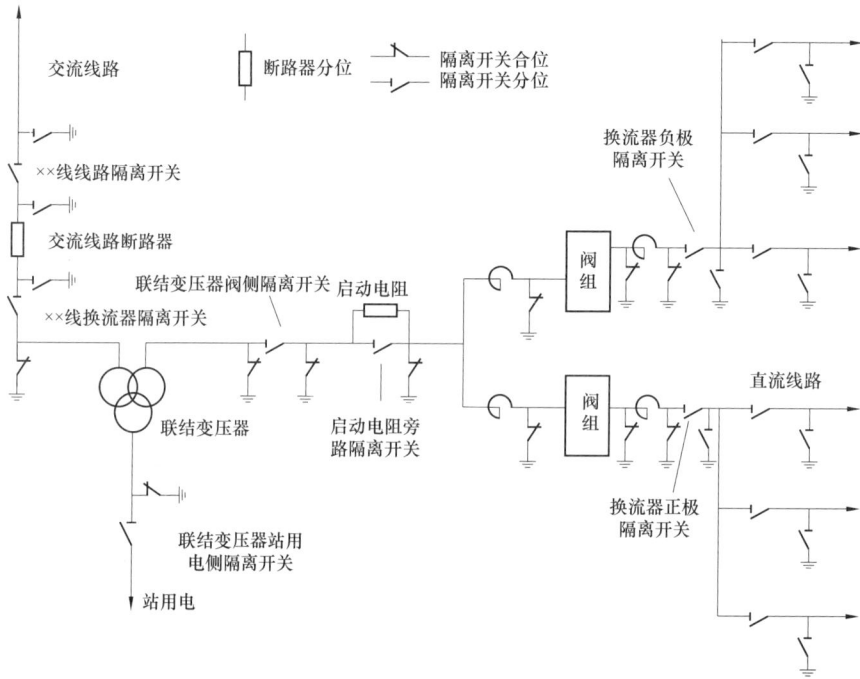

图7-2　检修状态图

（2）冷备用：联结变压器及换流阀（组）在冷备用状态，如图7-3所示。

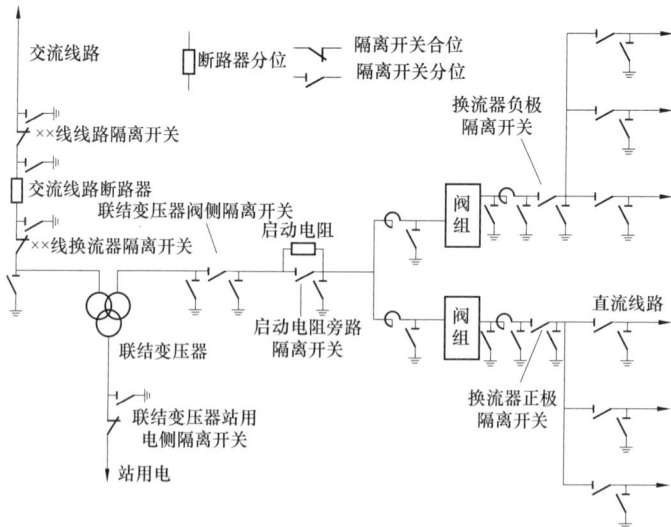

图7-3　冷备用状态图

（3）极隔离：联结变压器热备用（联结变压器各侧隔离开关在合上位置，交流线路断路器两侧隔离开关在合上位置，交流线路断路器在拉开位置，联结变压器各侧接地刀闸在拉开位置），换流阀（组）冷备用［安全措施拆除，联结变压器冷备用，启动电阻旁路隔离开关拉开位置，换流器正负极隔离开关拉开位置，换流阀（组）相关接地刀闸在拉开位置］。极隔离状态图如图7-4所示。

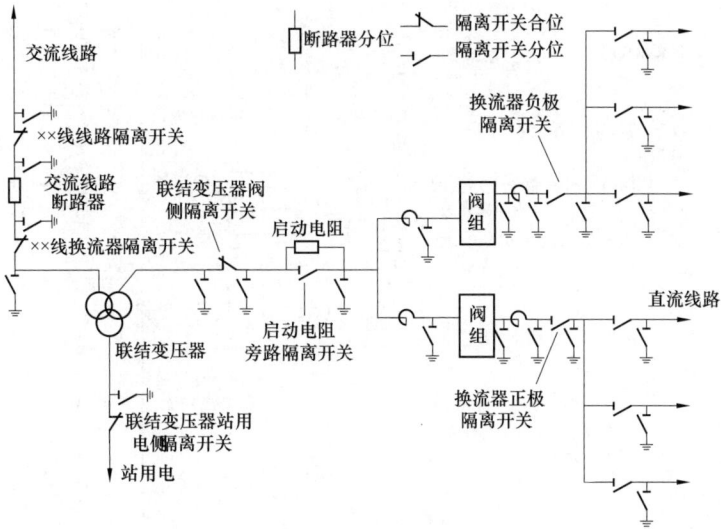

图7-4　极隔离状态图

（4）极连接：联结变压器热备用（联结变压器各侧隔离开关在合上位置，交流线路断路器两侧隔离开关在合上位置，交流线路断路器在拉开位置，联结变压器各侧接地刀闸在拉开位置），换流阀（组）极连接［启动电阻旁路隔离开关拉开位置，换流器正负极隔离开关合上位置，换流阀（组）相关接地刀闸在拉开位置，阀闭锁］。极连接状态图如图7-5所示。

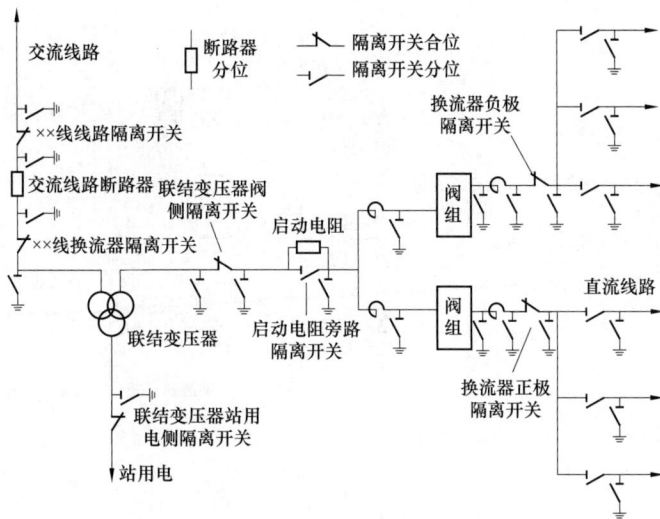

图7-5　极连接状态图

（5）无源 HVDC 充电：联结变压器热备用（联结变压器各侧隔离开关在合上位置，交

153

流线路断路器两侧隔离开关在合上位置，交流线路断路器在拉开位置，联结变压器各侧接地刀闸在拉开位置）；换流阀（组）HVDC 充电［启动电阻旁路隔离开关合上位置，换流器正负极隔离开关合上位置，换流阀（组）相关接地刀闸在拉开位置，阀闭锁］。无源 HVDC 充电状态图如图 7 - 6 所示。

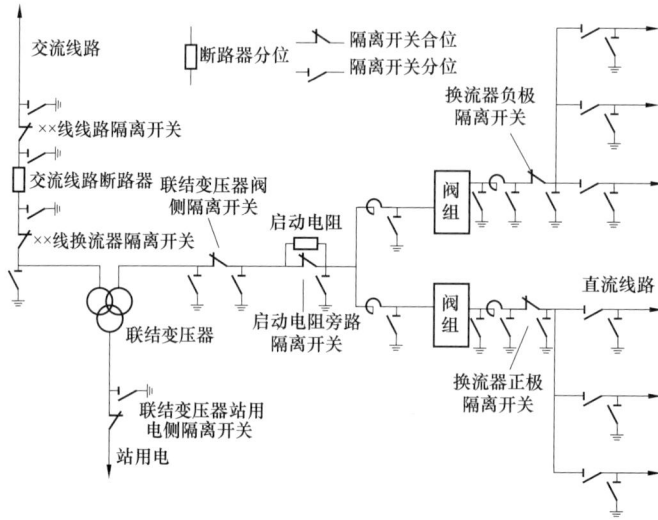

图 7 - 6　无源 HVDC 充电状态图

（6）有源 HVDC 充电：联结变压器运行（联结变压器各侧隔离开关在合上位置，交流线路断路器及两侧隔离开关在合上位置，联结变压器各侧接地刀闸在拉开位置）；换流阀（组）HVDC 充电［启动电阻旁路隔离开关合上位置，换流器正负极隔离开关合上位置，换流阀（组）相关接地刀闸在拉开位置，阀闭锁］。有源 HVDC 充电状态图如图 7 - 7 所示。

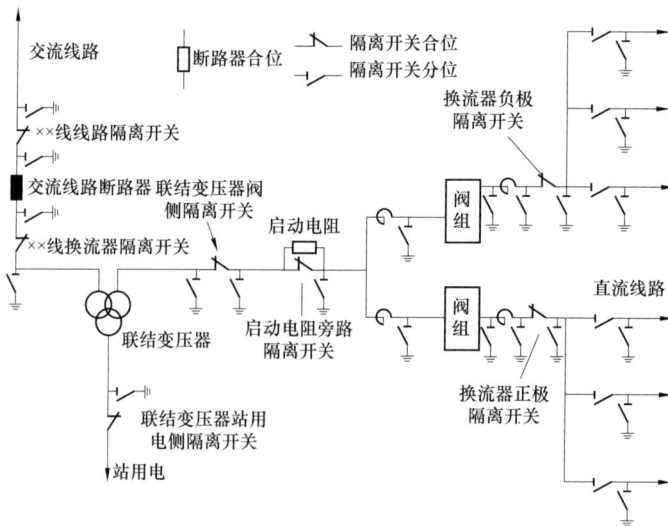

图 7 - 7　有源 HVDC 充电状态图

（7）STATCOM 充电：联结变压器运行（联结变压器各侧隔离开关在合上位置，交流线路断路器及两侧隔离开关在合上位置，联结变压器各侧接地刀闸在拉开位置）；换流阀（组）STATCOM 充电［启动电阻旁路隔离开关合上位置，换流器正负极隔离开关拉开位置，换流阀（组）相关接地刀闸在拉开位置，阀闭锁］。STATCOM 充电状态图如图 7-8 所示。

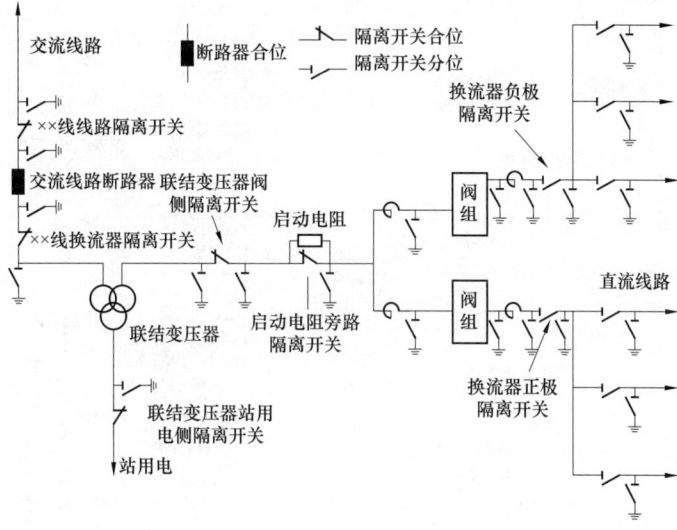

图 7-8　STATCOM 充电状态图

（8）有源 HVDC 运行：联结变压器运行（联结变压器各侧隔离开关在合上位置，交流线路断路器及两侧隔离开关在合上位置，联结变压器各侧接地刀闸在拉开位置）；换流阀（组）有源 HVDC 运行［启动电阻旁路隔离开关合上位置，换流器正负极隔离开关合上位置，换流阀（组）相关接地刀闸在拉开位置，阀以有源 HVDC 控制方式触发导通］。有源 HVDC 运行状态图如图 7-9 所示。

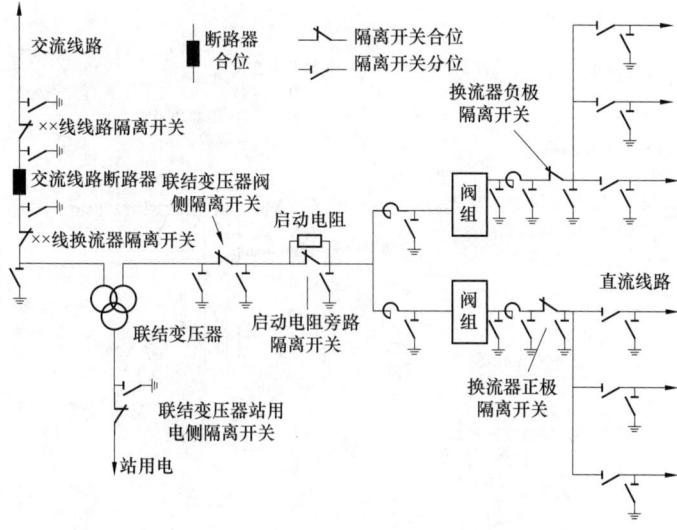

图 7-9　有源 HVDC 运行状态图

（9）无源 HVDC 运行：联结变压器运行（联结变压器各侧隔离开关在合上位置，交流线路断路器及两侧隔离开关在合上位置，联结变压器各侧接地刀闸在拉开位置）；换流阀（组）无源 HVDC 运行［启动电阻旁路隔离开关合上位置，换流器正负极隔离开关合上位置，换流阀（组）相关接地刀闸在拉开位置，阀以无源 HVDC 控制方式触发导通］。无源HVDC 运行状态图如图 7-10 所示。

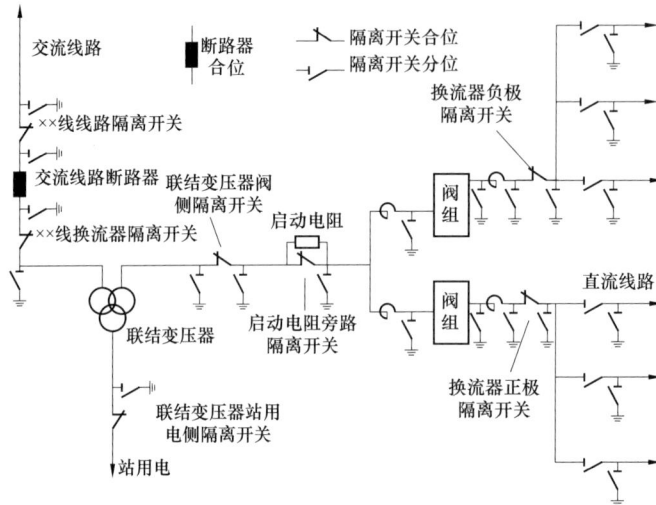

图 7-10 无源 HVDC 运行状态图

（10）STATCOM 运行：联结变压器运行（联结变压器各侧隔离开关在合上位置，交流线路断路器及两侧隔离开关在合上位置，联结变压器各侧接地刀闸在拉开位置）；换流阀（组）STATCOM 运行［启动电阻旁路隔离开关合上位置，换流器正负极隔离开关拉开位置，换流阀（组）相关接地刀闸在拉开位置，阀以 STATCOM 控制方式触发导通］。STATCOM 运行状态图如图 7-11 所示。

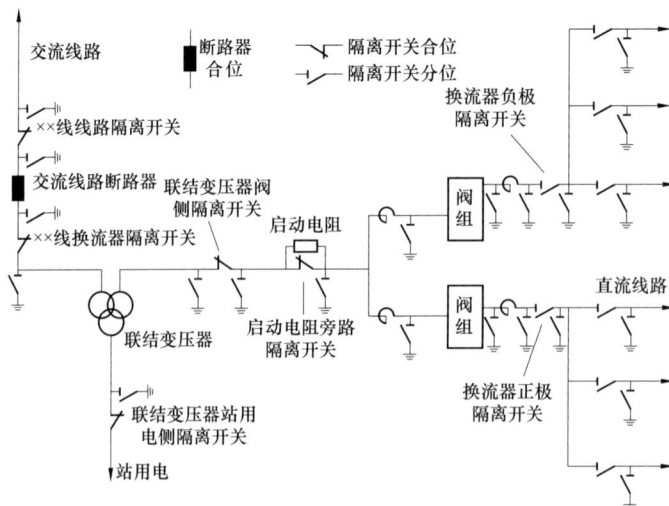

图 7-11 STATCOM 运行状态图

综上所述：

有源 HVDC 运行方式换流器对应状态：检修、冷备用、极连接、有源 HVDC 充电、有源 HVDC 运行、无源 HVDC 充电、极隔离。

无源 HVDC 运行方式换流器对应状态：检修、冷备用、无源 HVDC 充电、无源 HVDC 运行。

STATCOM 运行方式换流器对应状态：检修、冷备用、STATCOM 充电、STATCOM 运行。

7.2　单站换流站启动和停运流程（典型操作任务）

7.2.1　有源 HVDC 模式

7.2.1.1　换流站由检修改为有源 HVDC 运行（单站启动为例）

1）××线（交流）由（断路器及）线路检修改为冷备用。

2）直流母线由检修改为冷备用。

3）××线（直流）由线路检修改为冷备用。

4）换流器由检修改为冷备用。

5）××线（直流）由冷备用改为运行。

6）换流器由冷备用改为极连接。

7）换流器由极连接改为有源 HVDC 充电。

8）换流器由有源 HVDC 充电改为有源 HVDC 运行。

运行控制方式设置典型值：

（定直流电压控制，直流电压输出 _ kV；定交流电压控制，交流电压输出 _ kV，变化速率 _ kV/min）

（定直流电压控制，直流电压输出 _ kV；定无功功率控制，无功输出 _ Mvar，变化速率 _ Mvar/min）

（定有功功率控制，有功输出 _ MW，变化速率 _ MW/min；定交流电压控制，交流电压输出 _ kV，变化速率 _ kV/min）

（定有功功率控制，有功输出 _ MW，变化速率 _ MW/min；定无功功率控制，无功输出 _ Mvar，变化速率 _ Mvar/min）

7.2.1.2　换流站由有源 HVDC 运行改为检修（单站停运为例）

1）换流器由有源 HVDC 运行改为无源 HVDC 充电。

2）换流器由无源 HVDC 充电改为极隔离。

3）换流器由极隔离改为冷备用。

4）××线（直流）由运行改为冷备用。

5）换流器由冷备用改为检修。

6）××线（直流）由冷备用改为线路检修。

7）直流母线由冷备用改为检修。

8）××线（交流）由冷备用改为（断路器及）线路检修。

7.2.2 无源 HVDC 模式

7.2.2.1 换流站由检修改为无源 HVDC 运行（被启动站为例）

1）直流母线由检修改为冷备用。

2）××线（直流）由线路检修改为冷备用。

3）××线（交流）由（断路器及）线路检修改为冷备用。

4）换流器由检修改为冷备用。

5）××线（直流）由冷备用改为运行。

6）换流器由冷备用改为无源 HVDC 充电。

7）换流器由无源 HVDC 充电改为无源 HVDC 运行。

（定频率控制；定交流电压控制，交流电压输出 _ kV，变化速率 _ kV/min）。

7.2.2.2 换流站由无源 HVDC 运行改为检修（单站停运为例）

1）换流器由无源 HVDC 运行改为无源 HVDC 充电。

2）换流器由无源 HVDC 充电改为冷备用。

3）××线（直流）由运行改为冷备用。

4）换流器由冷备用改为检修。

5）××线（交流）由冷备用改为（断路器及）线路检修。

6）××线（直流）由冷备用改为线路检修。

7）直流母线由冷备用改为检修。

7.2.3 STATCOM 模式

7.2.3.1 换流站由检修改为 STATCOM 运行（单站启动为例）

1）××线（交流）由（断路器及）线路检修改为冷备用。

2）换流器由检修改为冷备用。

3）换流器由冷备用改为 STATCOM 充电。

4）换流器由 STATCOM 充电改为 STATCOM 运行。

（定直流电压控制，直流电压输出 _ kV；定交流电压控制，交流电压输出 _ kV，变化速率 _ kV/min）

（定直流电压控制，直流电压输出 _ kV；定无功功率控制，无功输出 _ Mvar，变化速率 _ Mvar/min）

7.2.3.2 换流站由 STATCOM 运行改为检修（单站停运为例）

1）换流器由 STATCOM 运行改为 STATCOM 充电。

2）换流器由 STATCOM 充电改为冷备用。

3）换流器由冷备用改为检修。

4）××线（交流）由冷备用改为（断路器及）线路检修。

7.3 不同端数换流站顺控流程

7.3.1 单端顺控流程

7.3.1.1 单端启动流程

启动流程是指从检修状态到运行状态的操作流程。运行人员按以下步骤操作：

1) 分开所有地刀，退出检修状态。

2) 选择运行方式，"有源 HVDC"、"无源 HVDC"或者"STATCOM"运行方式。

3) "有源 HVDC"或"无源 HVDC"方式下，先选择至少一条"直流线路连接"（舟定、舟衢、舟泗无需选择），再选择"极连接"；"STATCOM"方式下，直接选择"极隔离"。

4) 当"RFE"有效后，选择"充电"，系统对换流阀进行充电。

5) 当"RFO"有效后，选择"运行"，系统对换流阀进行解锁。

6) 在相应参数框内输入指令值。

7.3.1.2 单端停运流程

停运流程是指从运行状态回到检修状态的操作流程。运行人员按以下步骤操作：

1) 选择"停运"，系统将功率降到 0 之后自动将阀闭锁。

2) 选择"断电"，系统将交流进线断路器 QF1 断开。

3) 选择"极隔离"，系统将直流连接断开。

4) 在主接线界面合上所有接地刀闸，进入检修状态。

7.3.1.3 紧急停运流程

紧急情况下，在顺控流程界面点击的"紧急停运"黄色命令（见图 7-12），则系统自动跳开交流断路器 QF1，并拉开极连接的两把线路隔离开关，实现"极隔离"。

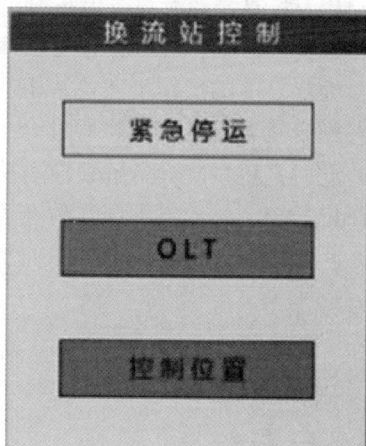

图 7-12 紧急停运窗口

7.3.2 双端 HVDC 顺控流程

7.3.2.1 启动流程

双端模式下，一端为直流电压控制站，另一端为功率控制站。

(1) 两站各自按照单站"启动流程"的 1~4 步骤进行极连接，完成对换流阀的充电，顺序不分先后；

(2) 直流电压控制站进入 RFO 后，先解锁运行；

(3) 功率控制站进入 RFO 后，后解锁运行；

(4) 功率控制站在功率参数框内输入功率指令值。

7.3.2.2　停运流程

（1）功率控制站按单站"停运流程"的1～2步骤操作，至断电状态；

（2）直流电压控制站按单站"停运流程"的1～2步骤操作，至断电状态；

（3）两站各自按单站"停运流程"的3～4步骤操作，顺序不分先后。

（4）紧急停运流程按单站紧急停运流程操作。

7.3.3　五端HVDC顺控流程

7.3.3.1　五端启动流程

（1）直流电压控制站和各功率控制站按单站"启动流程"的1～4步骤进行极连接，完成对换流阀的充电，站与站之间顺序不分先后。

（2）直流电压控制站（舟定站）进入RFO后，先解锁运行。

（3）各功率控制站进入RFO后，依次解锁运行，不分先后。

（4）各功率控制站在功率参数框内输入功率指令值，不分先后。

7.3.3.2　五端停运流程

（1）各功率控制站按单站停运流程中步骤1～2进行操作。

（2）直流电压控制站（舟定站）按单站停运流程中步骤1～2进行操作。

（3）五站按照单站停运流程中步骤3～4各自进行操作，不分先后。

（4）紧急停运流程按单站紧急停运流程操作。

7.3.3.3　各站启动/停运顺序

充电之前的操作步骤各站相互独立，顺序不分先后，不会影响五端直流系统的运行。系统各站自然充电结束后，通过合上联结变压器阀侧的限流电阻并联开关使限流电阻退出运行，此时直流系统具备解锁输送功率的条件。五端柔性直流输电正常运行状态下，先解锁定直流电压控制站，再解锁其他非直流电压控制站。反之要停运时，先闭锁非直流电压控制站，再闭锁控制定直流电压站控制站。

参 考 文 献

[1] 李庚银，吕鹏飞，李广凯，周明. 轻型高压直流输电技术的发展与展望 [J]. 电力系统自动化，2003.

[2] 陈谦，唐国庆，胡铭. 采用 dq0 坐标的 VSC - HVDC 稳态模型与控制器设计 [J]. 电力系统自动化，2004.

[3] 陈海荣，徐政. 适用于 VSC - MTDC 系统的直流电压控制策略 [J]. 电力系统自动化，2006.

[4] 张凯，李庚银，梁海峰，李广凯. 基于电压源换流器 HVDC 系统稳态控制及仿真 [J]. 电力自动化设备，2005.

[5] 吴俊玲. 大型风电场并网运行的若干技术问题研究 [D]. 清华大学，2004.

[6] 单庆晓. 级联型逆变器关键技术研究 [D]. 国防科学技术大学，2003.

[7] 李英涛. 应用于 VSC - HVDC 的模块化多电平变换技术研究 [D]. 山东大学，2013.

[8] 张桂斌. 新型直流输电及其相关技术研究 [D]. 浙江大学，2001.

[9] 张林山，杨晴，崔玉峰，王骏. 柔性直流输电在城市电网中的应用 [J]. 云南电力技术. 2010.

[10] 魏晓光. 电压源换流器高压直流输电控制策略及其在风电场并网中的应用研究 [D]. 2007.

[11] 文俊，张一工，韩民晓，肖湘宁. 轻型直流输电——一种新一代的 HVDC 技术. 电网技术. 2003. 47 - 51.

[12] 徐政，陈海荣. 电压源换流器型直流输电技术综述. 高电压技术. 2007. 1 - 10.

[13] 胡兆庆，毛承雄，陆继明，李国栋. 一种新型的直流输电技术——HVDC Light. 电工技术学报. 2005. 12 - 16.

[14] 刘洪涛. 新型直流输电的控制和保护策略研究 [D]. 浙江大学. 2003.

[15] 赵畹君. 高压直流输电工程技术. 北京：中国电力出版社.

[16] 汤广福. 基于电压源换流器的高压直流输电技术. 北京：中国电力出版社.

[17] 张璞. 多直流馈入受端交流电网继电保护动作特性研究 [D]. 华南理工大学，2010.

[18] 张海凤. 特高压直流控制系统研究 [D]. 华南理工大学，2010.

[19] 王建民，张喜乐，吴增泊，孙优良，赵文祥. 高压直流换流变压器电磁场特性的数值应用研究 [J]. 变压器. 2007.

[20] 彭毅晖. 高压直流输电的现状及展望 [J]. 大众用电. 2007.

[21] 倪必辉. 高压直流输电技术及其发展前景的研究 [J]. 民营科技. 2007.

[22] 徐政，屠卿瑞，裘鹏. 从 2010 国际大电网会议看直流输电技术的发展方向 [J]. 高电压技术，2010.

[23] 徐政. 交直流电力系统动态行为分析 [M]. 北京：机械工业出版社，2004.

[24] Trans - Mediterranean interconnection for concentrating solar power, 2006.

[25] K. Kanngiesser，H. Ring and T. Wess "Simulator study on line fault clearing by DC circuit breakers in a meshed MTDC system", Proc. Int. Conf. AC and DC Power Transmission, pp. 102 - 107 1991

[26] J. Arrillaga High Voltage Direct Current Transmission, 1998：Short Run Press

[27] W. Lu, and B. T. Ooi, "Premium Quality Power Park based on Multi - Terminal HVDC", IEEE Trans. Power Delivery, Vol. 20, No. 2, April 2005, pp. 978 - 983.

[28] 刘隽，何维国，包海龙. 柔性直流输电技术及其应用前景研究 [J]. 供用电，2008，25 (2)：6 - 9.

[29] DORN J, HUANG H, RETZMANN D. A new multi - level voltage - sourced converterb topology for

HVDC applications［C］. CIGRE Session B4 - 304. Paris，France ：International Council on Large E-
lectric Systems. 2008：1 - 8.

[30] 赵国梁，吴涛. HVDC 技术的发展应用情况综述［J］. 华北电力技术. 2006.

[31] 詹奕，尹项根. 高压直流输电与特高压交流输电的比较研究［J］. 高电压技术. 2001.

[32] 李明. HVDC - VSC 输电系统运行与控制的研究［D］. 广西大学，2004.